Reinhard Eichelbeck

Die Erde, der Himmel und die Dinge dazwischen

Dieses Buch ist all denen gewidmet,
die in den vergangenen 6000 Jahren
die Argumente zusammengetragen haben,
die darin vorgestellt werden.
Und natürlich auch Erika und Wolfgang
und Wolfgang und Ivo und Michael
und allen, die bei der Herstellung der Sendereihe
und des Buches geholfen haben.

Reinhard Eichelbeck

Die Erde, der Himmel und die Dinge dazwischen

Erforschtes – Unerforschtes – Unerforschliches

BAUER

Verlag Hermann Bauer
Freiburg im Breisgau

CIP-Titelaufnahme der Deutschen Bibliothek

Eichelbeck, Reinhard:
Die Erde, der Himmel und die Dinge dazwischen :
Erforschtes, Unerforschtes, Unerforschliches /
Reinhard Eichelbeck. – 1. Aufl., 1.–10. Tsd. –
Freiburg im Breisgau : Bauer, 1991
ISBN 3-7626-0428-2

Bildnachweis

1. Kap.	o.	Eichelbeck, Wischhafen
2. Kap.	u.	Eichelbeck, Wischhafen
3. Kap.	o.	Bäuerle, Gärtringen
4. Kap.	u.	Eichelbeck, Wischhafen
5. Kap.	o.	Eichelbeck, Wischhafen
6. Kap.	u.	Eichelbeck, Wischhafen
7. Kap.		Geiger, Staufen
8. Kap.	o.	Eichelbeck, Wischhafen
9. Kap.	u. r.	Laenderpress, Düsseldorf
	u. l.	Eichelbeck, Wischhafen
10. Kap.	o.	Abacus, Hamburg
11. Kap.	u.	Eichelbeck, Wischhafen
12. Kap.		Dr. Gruber, Bretten
13. Kap.		dpa, Frankfurt/M.

1. Auflage 1991 – 1.–10. Tsd.
ISBN 3-7626-0428-2

Umschlag: Atelier Wartenberg, Staufen,
unter Verwendung des Fotos »Sonnenaufgang«
der Bavaria Bildagentur GmbH, Gauting.
Satz: CSF ComputerSatz GmbH, Freiburg im Breisgau.
Druck und Bindung: Ebner Ulm.
Printed in Germany.

Inhalt

Vorbemerkung

Die Sendereihe »Die Erde, der Himmel und die Dinge dazwischen«, die Anfang 1985 gesendet wurde, war – was die Zuschauerreaktion anging, eine der erfolgreichsten Sendereihen des NDR-Familienprogramms.

Unzählige Anrufe, über 15 000 Zuschriften mit der Bitte um Bücherlisten oder zusätzliche Information waren zu verzeichnen – selbst 1990, als wir die Neuauflage vorbereiteten, kamen noch vereinzelte Briefe – und viele schöne Komplimente und positive Anmerkungen, vom Publikum ebenso wie von der Presse: »Die Serie war es wert, aufmerksam verfolgt zu werden, denn sie inspirierte in vieler Hinsicht zu weiterem Nachdenken«, schrieb die *Funkkorrespondenz*. Und der EPD kommentierte: »Ein komplexes Unternehmen mit interessantem Material, das sich in der Präsentation vom Marktschreierischen ebenso freihält wie von mysteriöser Bedeutungshuberei.«

Nur neun der über 15000 Zuschriften waren kritisch-negativ.

Es sollte – so der Untertitel – damals in unserer Sendereihe um »Erforschtes, Unerforschtes und Unerforschliches« gehen – und das ist allerdings ein weites Feld: neue technische Entwicklungen und überraschende wissenschaftliche Erkenntnisse können darin ebenso vorkommen wie die erstaunlichen Fähigkeiten des menschlichen Geistes und wundersame Heilungen, der Mann mit der Wünschelrute oder die Frage vom Leben nach dem Tod.

Die Anfang 1985 gesendeten sechs Folgen konzentrierten sich auf das Thema »mind over matter« – die Frage also, ob und wieweit Geist, Bewußtsein oder Vorstellungskraft des Menschen in der Lage sind, die Materie zu beeinflussen, zu verändern oder gar zu überleben.

Die Thematik der Sendungen, die sich mit seltsamen Phänomenen, geistigen Kräften, mit »Außersinnlichem und Übersinnlichem« beschäftigten, ist heute im Grunde genommen noch aktueller als damals. In der Zwischenzeit ist das Interesse des Publikums an derartigen Themen noch weiter gestiegen, und es erscheint sinnvoll, eine sachliche Aufklärung zu versuchen, die den Menschen ein wenig hilft, sich im Wust einer neuen »Esoterik-Welle« zurechtzufinden.

Der NDR hat sich daher entschlossen, die Sendereihe wieder aufzunehmen und dreizehn Halbstundensendungen zu produzieren, die für 1991 zur Ausstrahlung im Nachmittagsprogramm vorgesehen sind.

Ein Teil der Beiträge aus den früheren Sendungen wurde übernommen und auf den aktuellen Stand gebracht, durch weiteres Material ergänzt und erweitert sowie mit einer neuen Moderation versehen.

Bei dieser Gelegenheit möchte ich dem BR, SFB, WDR und ZDF Dank sagen, die uns über den Programmaustausch eine Reihe von Filmen zur Verfügung gestellt haben.

In Reaktion auf die Sendungen im Jahre 1985 haben uns soviele Anfragen nach einem Begleitbuch erreicht, daß wir uns entschlossen, jetzt für die Neuauflage der Sendereihe eines zu liefern: hier ist es . . .

Kapitel 1

Und es fließt kein Tropfen Blut . . .

Trancephänomene: das Bewußtsein verändert die Wirklichkeit

Nadeln durch die Zunge: das Taipusam-Fest in Singapore / Die unglaublichen Vorführungen des Fakirs Mirin Dajo / Dr. Thompson: Zahnoperation bei einem Bluter in Hypnose / Der Mann, der elf Finger zählte: ein Hypnoseexperiment von Prof. Orne / Der doppelte Moderator: Halluzinationen in Hypnose.

Die drei Männer, denen da zu nächtlicher Stunde auf der Terrasse des Schlosses von Helsingör gerade ein Geist, ein Gespenst erschienen ist, sind fassungslos. Und der eine von ihnen, Horatio, meint:

»Beim Sonnenlicht – dies ist erstaunlich fremd!«

Und sein Freund, Prinz Hamlet, antwortet ihm:

»So heißt als einen Fremden es willkommen. Es gibt mehr Ding' im Himmel und auf Erden, als Eure Schulweisheit sich träumt, Horatio.«

Der dritte im Bunde, Marcellus, bleibt stumm.

So schrieb es William Shakespeare, Anfang des 17. Jahrhunderts, in seinem Drama »Hamlet« in der fünften Szene des ersten Aktes.

Den zweiten Satz von Hamlets Antwort haben wir oft gehört – den ersten hat man uns immer ein bißchen unterschlagen. Daß es viele seltsame Dinge zwischen Himmel und Erde gibt, läßt sich nicht leugnen – aber daß man sie auch noch willkommen heißen soll, das erschien unseren Bildungsvermittlern wohl etwas übertrieben.

Trotzdem finde ich gerade diesen Ratschlag Hamlets ausgesprochen vernünftig, und deshalb wollen wir ihn in unserer Sendereihe, bei deren Titel ja Hamlets geflügeltes Wort Pate gestanden hat, auch beherzigen. Es gibt so vieles im Kosmos, und wir wissen so wenig darüber, daß uns zwangsläufig manches fremd und undurchschaubar erscheinen muß. Wir sollten diese Dinge aber nicht von vornherein ablehnen, sondern sie erst einmal in ihrer Fremdheit und Undurchschaubarkeit akzeptieren, sie offen und unvoreingenommen betrachten und auf ihre Erklärbarkeit hin untersuchen. Ablehnen können wir sie später immer noch – aber dann wissen wir wenigstens, was wir ablehnen und warum.

Das »erstaunlich Fremde« nun, dem wir uns in den folgenden dreizehn Kapiteln behutsam nähern wollen, ist etwas uns eigentlich sehr Vertrautes – über das wir aber immer noch sehr wenig wissen: das menschliche Bewußtsein nämlich – und seine erstaunlichen Möglichkeiten und Fähigkeiten.

Das Gehirn – jenes Organ, durch das sich unser Bewußtsein äußert – ist eines der kompliziertesten Gebilde, die wir kennen. Und wenn wir versuchen, mit Hilfe unseres Gehirns unser Gehirn zu begreifen, dann entspricht das in etwa dem Versuch, sich mit dem Auto, in dem man gerade fährt, selbst zu überholen.

Aber auch wenn wir unser Gehirn und unser Bewußtsein noch nicht richtig begriffen haben – gebrauchen müssen wir es, so oder so. Und wir können dies im Guten wie im Schlechten tun, zu unserem Nachteil – oder zu unserem Vorteil: indem wir nämlich lernen, seine Fähigkeiten und Möglichkeiten besser, sinnvoller und konstruktiver zu nutzen.

Besonders eindrucksvoll zeigen sich diese Fähigkeiten, wenn wir uns in einem besonderen Bewußtseinszustand befinden, den man als »Trance« bezeichnet. Dieser Begriff kommt von dem lateinischen Wort »transire«, womit das Überschreiten einer Grenze gemeint ist.

In Trance sind Menschen fähig, barfuß über glühende Kohlen zu gehen, sie können sich Nadeln oder sogar Schwerter durch den Leib stechen lassen, ohne Schmerz zu empfinden oder zu bluten, sie sagen die Zukunft voraus, wie vorzeiten die Priesterinnen im Orakel zu Delphi, oder sehen Ereignisse, die an anderen Orten stattfinden, wie beispielsweise Emanuel Swedenborg (1688 bis 1772), der 1756 in Göteborg im Geiste den gleichzeitigen großen Brand von Stockholm miterlebte.

Swedenborg versetzte sich durch eine besondere Atemtechnik in Trance, die er den »inneren Atem« nannte. Andere Wege, um in Trance zu kommen, bieten die Hypnose, verschiedene Entspannungstechniken, bestimmte psychedelische – das heißt »seelenöffnende« – Drogen, aber auch rhythmisch-eintönige Tänze und Gesänge oder ständig wiederholte Bewegungen, wie zum Beispiel kreisendes Reiben eines Steines auf einer festen Unterlage oder das Drehen einer Gebetsmühle. Diese Techniken, deren Tradition sich bis in die Altsteinzeit zurückverfolgen läßt, sind über die ganze Welt verbreitet und zeigen nur unwesentliche Unterschiede. Erscheinungsformen und Ergebnis der Trancezustände allerdings unterscheiden sich zum Teil erheblich – je nachdem, welche religiösen oder kulturellen Anschauungen die jeweilige Person oder Gruppe vertritt. Das Spektrum reicht von der ekstatischen Besessenheit eines Voodoo-Priesters über die Visionen von heiligen Männern und Frauen bis hin zu den Werken kreativer oder künstlerisch begabter Menschen.

Es gibt verschiedene Stufen von Trance, und man kann dabei durchaus wach bleiben und wissen, was man tut. Vermutlich sind wir öfter in einer – zumindest leichten – Trance, als uns dies bewußt ist. Was wir »Tagträumerei« nennen, hat bereits etwas mit diesem Bewußtseinszustand zu tun, in dem beispielsweise Erfinder, wie Thomas Alva Edison, auf geniale Ideen gekommen und Musiker wie Johannes Brahms zu unsterblichen Werken inspiriert worden sind.

»Ich sehe«, so schrieb Brahms über seine Kompositionsweise, »nicht nur bestimmte Themen vor meinem geistigen Auge, sondern auch die richtige Form, in die sie gekleidet sind, die Harmonien und die Orchestrierung. Takt für Takt wird mir das fertige Werk offenbart, wenn ich mich in dieser seltenen, inspirierten Gefühlslage befinde. (. . .) Ich muß mich im Zustand der Halbtrance befinden, um solche Ergebnisse zu erzielen – ein Zustand, in welchem das bewußte Denken vorübergehend herrenlos ist und das Unterbewußtsein herrscht, denn durch dieses, als ein Teil der Allmacht, geschieht die Inspiration. Ich muß jedoch darauf achten, daß ich das Bewußtsein nicht verliere, sonst entschwinden die Ideen.«

Neuere wissenschaftliche Untersuchungen unterstützen diese Aussage von Johannes Brahms. Es wurde nämlich gemessen, daß bei Trancezuständen die Aktivität der linken Großhirnhemisphäre vermindert, die der rechten Hemisphäre hingegen gesteigert ist.

Das Großhirn des Menschen – jenes gefurchte, walnußähnliche Gebilde unter unserer Schädeldecke – besteht aus zwei getrennten Hälften, sogenannten Hemisphären, die durch einen Strang von Nervenbahnen miteinander verbunden sind. Man nimmt heute auf Grund verschiedener Experimente an, daß die linke Großhirnhemisphäre logisch, analytisch und wortbezogen denkt, die Rechte dagegen intuitiv, synthetisch und bildhaft. Wenn wir Rechenaufgaben lösen, dann ist beispielsweise die linke Hemisphäre aktiver, wenn wir in den Tag hineinträumen und unserer Phantasie freien Lauf lassen, die rechte. Und wenn wir dabei die Augen schließen und alles um uns herum vergessen, dann sind wir bereits in einem Zustand, den man als leichte Trance bezeichnen kann. Dies ist aber weder gefährlich noch anomal, und wir brauchen lediglich die Augen zu öffnen, um von selbst wieder in den gewöhnlichen Wachbewußtseinszustand zurückzukehren.

Die Feststellung, daß in Trance die rechte Großhirnhemisphäre aktiver ist als die linke, beantwortet allerdings nicht die Frage, woher solche außergewöhnlichen Inspirationen, wie die von Johannes Brahms und anderen Künstlern kommen. Und sie liefert uns auch keine Erklärung für die anderen außerordentlichen Leistungen, zu denen Menschen in Trance fähig sind – daß sie beispielsweise ihren Körper in diesem besonderen Bewußtseinszustand auf eine schier unglaubliche Weise beherrschen können.

Ein besonders eindrucksvolles Beispiel hierfür findet sich, alle Jahre wieder, Ende Januar in Singapore – beim »Taipusam«, einem Fest zu Ehren von Lord Subrahmanya, einem alten Kriegsgott der Hindus, der dem Planeten Mars zugeordnet und in Indien auch Karttikeya oder Skanda genannt wird.

Auf den ersten Blick sieht es aus, wie eines der üblichen Volksfeste – es ist Musik zu hören, man sieht tanzende Menschen, und es herrscht eine fröhliche, beinahe ausgelassene Stimmung. In einer Prozession, die über viele Kilometer vom Sri Mariamman-Tempel zu Chettiars Tempel führt, tragen junge Männer reichgeschmückte, käfigartige Aufsätze, die bis zu 32 Kilo schwer sind – sogenannte »Kavadis«. Und sie tragen diese schweren Gestelle nicht nur, sie tanzen auch noch damit. Auf diese Weise lösen sie Gelübde ein, sie tun Buße für vergangene Sünden und erhoffen sich Vergebung für zukünftige.

Auch das erscheint nicht außergewöhnlich – aber wenn man genauer hinschaut, bemerkt man, daß die »Kavadis« in unzählige Stahlspitzen enden, die sich tief ins Fleisch der Träger bohren, daß einige sich außerdem Angelhaken in die Haut geschlagen haben, an denen Gewichte hängen. Da steht ein junger Mann, dessen Wangen quer von einem stricknadeldünnen Dolch durchstochen sind, umringt von anderen Männern, die einen rhythmischen Sprechgesang anstimmen – jetzt streckt er die Zunge heraus und einer der Männer durchbohrt sie mit einem zweiten Dolch. Das Gesicht des jungen Mannes zeigt einen ruhigen, entspannten Ausdruck, seine Pupillen sind nach oben gekehrt, verschwinden zur Hälfte unter dem Lidrand. Er ist, wie die anderen Kavaditräger auch, in Trance, empfindet offensichtlich keinen Schmerz, und – was noch überraschender ist – es fließt kein Tropfen Blut.

Als ich den »Taipusam«-Film 1984 auf einer Pressekonferenz vorführte, verließen zwei der anwesenden Journalisten den Vorführraum, weil sie diese Bilder nicht ertragen konnten. Wir haben den Film daraufhin noch einmal umgeschnitten und in einer etwas »entschärften« Version gesendet.

Was aber ist so erschreckend an diesem Film? Man sieht keine schmerzverzerrten Gesichter, es fließt kein Blut – wir sind aus dem Fernsehen Schlimmeres gewöhnt. Aber die verstümmelten Leichen, die brennenden Häuser, die explodierenden Fahrzeuge, der ganze tägliche Mord und Totschlag erschrecken uns weniger als diese Aufnahmen. Woran mag das liegen?

Ich denke, es kommt daher, daß wir uns mit den jungen Männern in Singapore identifizieren, uns in Gedanken in sie hineinversetzen und uns vorstellen, daß wir selbst diese Torturen erleiden. Und bei der bloßen Vorstellung der damit verbundenen Schmerzen dreht sich uns der Magen um. Das Paradoxe dabei ist, daß jene Männer in Singapore die gleiche Vorstellungskraft, die Kraft ihrer Gedanken, ihres Glaubens, dazu benutzen, um eben diesen Schmerz auszuschalten. Daß dies den Taipusam-Tänzern gelingt, ist erstaunlich genug. Aber noch erstaunlicher finde ich, daß hier kein Blut fließt. Ich weiß aus der Zeit, als ich mich noch rasierte, daß schon eine kleine Verletzung um den Mund herum ein morgendliches Blutbad zur Folge hatte – und hier: kein Tropfen Blut.

Man kennt solche Leistungen auch von Yogis oder Fakiren – und in einem fast unvorstellbaren Ausmaß hat diese Fähigkeit Ende der 40er Jahre ein Holländer demonstriert: Arnold Gerrit Johannes Henskes, der sich

»Mirin Dajo« nannte. Er hat sich in verschiedenen öffentlichen Auftritten mit Floretten durchbohren lassen – mit zugespitzten Röhren, durch die Wasser geleitet wurde, und auch mit einem 2,5 Zentimeter breiten und fünf Millimeter dicken Schwert. Diese Auftritte wurden zum Teil gefilmt – leider haben wir diese Filme nicht auftreiben können – und es wurden auch Röntgenaufnahmen gemacht, die zeigten, daß dabei lebenswichtige Organe durchstochen wurden – Lunge und Leber zum Beispiel.

Mirin Dajo starb 1948 – vermutlich an den Folgen eines Experiments, bei dem er einen Dolch geschluckt und versucht hatte, ihn durch geistige Kräfte aus seinem Körper zu entfernen.

Solche Leistungen, wie die von Mirin Dajo werden wohl extreme Ausnahmen bleiben – aber daß im Prinzip auch »normale« Menschen die Fähigkeit haben, Schmerzen auszuschalten und Blutungen zu stoppen, wenn sie sich in einem besonderen Bewußtseinszustand befinden, zeigt ein Beispiel aus den USA.

An der Universität von Pittsburg bildet Dr. Kay Thompson Zahnärzte aus. Sie hat im Verlauf unzähliger Zahnbehandlungen festgestellt, daß die gefühlsbedingte Erregung der Patienten deren Blutgerinnung beeinflußt, und daß man hier mit Hypnose helfend eingreifen kann. Man kann dadurch den Patienten nicht nur die Angst nehmen, sondern sie auch dazu veranlassen, Blutungen selbst zum Stillstand zu bringen. Dr. Thompson hat dies am eigenen Leibe ausprobiert, indem sie sich in Hypnose einer Nasenoperation unterzog – ohne Anwendung von Betäubungsmitteln. Das Skalpell kitzelte sie in der Nase, und sie mußte niesen – aber sie empfand keine Schmerzen dabei und sie blutete auch nicht. Normalerweise braucht man bei solchen Operationen ein Gerät zum Blutabsaugen – aber dies war hier nicht nötig, da Dr. Thompson die Blutung kontrollieren konnte.

Zu den Patienten von Dr. Thompson gehört unter

anderem auch der Rockmusiker Al Hines. Er ist Leadsänger und Gitarrist in einer Pittsburger Rockband. Und er ist Bluter – leidet an Hämophilie –, einer schweren erblichen Krankheit, bei der die Blutgerinnung gestört ist. Wenn er sich verletzt, ist er immer in Gefahr zu verbluten, weil die Blutung nur sehr schwer gestillt werden kann. Aber durch Hypnose ist er inzwischen imstande, die Blutgerinnung selbst zu beeinflussen.

Bis zu seinem 16. Lebensjahr wagte sich kein Zahnarzt an ihn heran. Als dann eine Zahnoperation unumgänglich wurde, schickte sein Arzt ihn zu Dr. Thompson, die es mit Hypnose versuchte – und Erfolg hatte: während der Operation blieb die befürchtete unstillbare Blutung aus. Und Al Hines ist kein Einzelfall. Eine Untersuchung von 200 Hämophiliekranken ergab, daß ohne Hypnose pro Patient zwischen fünf und 35 Bluttransfusionen nötig waren. Mit Hypnoseanwendung waren es nur zwei bis drei.

Dr. Martin Orne, Professor für Experimentelle Psychiatrie in Philadelphia, kommentierte 1982 diesen Sachverhalt so:

»Die Kontrolle von Blutungen hängt hauptsächlich von der Zusammenziehung der Blutgefäße ab, die vom Nervensystem gesteuert wird, und von der Gerinnung des Blutes, die biochemischer Natur ist. Daß in Hypnose die Zusammenziehung der Blutgefäße beeinflußt werden kann, wissen wir inzwischen. Wie aber die Blutgerinnung, die Biochemie des Blutes, durch Hypnose verändert werden kann, ist noch nicht so recht klar. Die Erfahrungen mit Hämophiliepatienten zeigen jedoch, daß dies offenbar möglich ist. Hier gibt es noch sehr viel zu erforschen – aber es ist doch ein aufregender Gedanke, daß wir irgendwie die Fähigkeit haben, solche grundsätzlichen biochemischen Vorgänge im Körper zu beeinflussen.«

Es erscheint auf den ersten Blick verblüffend, daß wir unsere Körperfunktionen in einem solchen Ausmaß beeinflussen können – aber es ist eigentlich gar nicht so ungewöhnlich. Wenn wir vor Schreck oder Wut erbleichen, ziehen sich unsere Blutgefäße zusammen - wenn wir vor Verlegenheit erröten, erweitern sie sich. Und unsere Gefühle rufen chemische Veränderungen im Körper hervor - wenn wir uns freuen ebenso wie bei Ärger, Aufregung oder Angst. Der Sprachgebrauch kennt eine Reihe von Ausdrücken, die darauf hinweisen: wir kriegen Herzklopfen oder kalte Füße, etwas schnürt uns die Kehle zusammen, der Angstschweiß bricht uns aus allen Poren oder wir sind vielleicht sogar vor Angst wie gelähmt. Solche Abläufe sind normalerweise unwillkürlich - das heißt, sie werden vom Unterbewußtsein gesteuert und sind dem bewußten Willen nicht unterworfen. In diesem besonderen Bewußtseinszustand der »Trance« aber wird das Unwillkürliche willkürlich beeinflußbar.

Unsere Gefühle verändern unseren Körper – und unsere Vorstellungen verändern unsere Gefühle. Wenn wir zum Beispiel im Fernsehen eine Zahnoperation in Großaufnahme sehen, dann bricht die Erinnerung an alle vergangenen Zahnschmerzen über uns herein und verursacht ein Gefühl des Unbehagens – obwohl man doch nur vor dem Fernsehapparat sitzt und nicht im Behandlungsstuhl des Zahnarztes.

Unsere Vorstellungskraft verändert die Art und Weise, wie wir die Realität erleben, sie verändert unsere Wahrnehmung. Wie weit das gehen kann, demonstrierte Professor Martin Orne in einem Hypnoseexperiment mit seinem Patienten Steven Schonwald. Dabei gab er ihm in Hypnose die Anweisung, die Zahl zwischen fünf und sieben zu vergessen, weckte ihn auf und bat ihn, seine Finger zu zählen.

Und Mr. Schonwald zählt: »Eins, zwei, drei, vier, fünf, sieben, acht, neun, zehn, elf.«

Er stutzt, schaut einen Augenblick ratlos auf Professor Ornes Hände und zählt noch einmal: »Eins, zwei, drei, vier, fünf, sieben, acht, neun, zehn – elf?«

Er sieht Professor Orne an und fragt: »Was ist da los?«

Professor Orne hält ihm seine linke Hand hin und fragt: »Wieviel Finger sind das hier?«

»Eins, zwei, drei, vier, fünf«, zählt Steven Schonwald.

»Und wieviele sind das hier?« fragt Professor Orne und hält ihm die rechte Hand hin.

»Eins, zwei, drei, vier, fünf«, zählt Steven Schonwald.

»Wieviele Finger habe ich also?« fragt Professor Orne.

»Zehn«, antwortet Steven Schonwald.

»Gut«, sagt Professor Orne, »dann zählen Sie jetzt noch einmal.«

Und Steven Schonwald zählt: »Eins, zwei, drei, vier, fünf, sieben, acht neun, zehn – elf?!«

Er schüttelt den Kopf, zählt stumm noch einmal Professor Ornes Finger, schaut ihn dann hilfesuchend an und fragt: »Was mach' ich falsch? Das ist doch irgendwie nicht in Ordnung . . .«

Professor Orne hypnotisiert ihn nun ein zweites Mal, gibt ihm die Anweisung, sich an alles zu erinnern, führt ihn wieder aus der Hypnose heraus und bittet ihn, bis zehn zu zählen.

Steven Schonwald lächelt und zählt: »Eins, zwei, drei, vier, fünf, *sechs*, sieben, acht, neun, zehn.«

»Sie wissen jetzt, was Sie getan haben?« fragt Professor Orne. Und als Steven Schonwald dies bestätigt, fragt er weiter: »Wie war das – wie fühlten Sie sich dabei?«

»Aufgeregt«, meint Steven Schonwald, »oder, besser gesagt – verwirrt. Alles war plötzlich irgendwie aus den Fugen. Und ich wußte nicht, warum.«

Die Szene entbehrt nicht einer gewissen Komik – aber sie macht auch irgendwie nachdenklich. Da ist ein erwachsener Mann, der vermutlich seit seinem fünften oder sechsten Lebensjahr weiß, daß nach der Fünf die Sechs kommt – und dann, einfach weil ihm jemand in Hypnose die Anweisung gibt, sie zu vergessen, vergißt er diese Zahl – sie existiert nicht mehr für ihn.

Und da fragt man sich, wieviele Dinge wir vielleicht ebenfalls nicht wahrnehmen – weil uns irgendwann einmal jemand gesagt hat, daß es sie nicht gibt. Oder wieviele unserer Fähigkeiten wir nicht ausnutzen, weil uns einmal jemand gesagt hat: das kannst du nicht.

Kleine Kinder befinden sich häufig in einem entrückten Bewußtseinszustand, der mit Hypnose zu vergleichen ist. Und dann kann aus einer beiläufigen Bemerkung unter Umständen ein Befehl werden, den wir vielleicht ein Leben lang befolgen – ohne uns dessen bewußt zu sein.

Das Kind ist klein und muß zum Erwachsenen aufschauen. Wenn man aber die Augen schräg nach oben richtet und den Blick fixiert, gerät man leicht in einen veränderten Bewußtseinszustand, der durch erhöhte »Suggestibilität« – das heißt: Beeinflußbarkeit durch Suggestion – gekennzeichnet ist. Einige Hypnosetechniken verwenden beispielsweise dieses Verfahren.

Der Ausdruck »Suggestion« stammt vom lateinischen »suggerere«, was soviel bedeutet, wie: eingeben, anraten oder unterschieben – und gemeint ist damit eine gefühlsmäßige oder seelische Beeinflussung des Menschen. Unter »Autosuggestion« versteht man dementsprechend eine Selbstbeeinflussung des Menschen ohne Fremdeinwirkung. Der Begriff »suggestio« war im Lateinischen ein rethorischer Fachausdruck. Er bezeichnete die Beantwortung der Frage eines Redners durch ihn selbst. Nach dem Muster: Wer ist an allem Schuld? Die Roten! Oder die Schwarzen, die Gelben, die Grünen – wie auch immer, die Etiketten sind beliebig austauschbar. Die erhöhte Tribüne, auf der der Redner stand, wurde bei den Römern »suggestum« genannt – und daß manche Redner ihre Zuhörer regelrecht »hypnotisieren« können, ist nichts Neues.

Auch der Pfarrer in der Kirche steht auf seiner Kanzel den Gläubigen gegenüber erhöht – und so können seine Worte wie eine Art hypnotischer Befehl wirken. Wenn er dann auf seine Schäfchen herunterdonnert: »Ihr seid alle Sünder!«, dann provoziert er geradezu jenes Übel, gegen das er predigt.

Das gleiche gilt für den Erwachsenen, der von oben herab seinem Kind Befehle erteilt in der Art wie: »Dafür bist du zu klein – das kannst du nicht – dafür bist du zu dumm!«, oder ähnliches. Solche Befehle vergißt man, verdrängt man mit der Zeit. Sie rutschen ab ins Unterbewußtsein – aber sie verlieren damit nicht ihre Wirksamkeit. Sie halten uns fest, behindern uns, machen uns mutlos – ohne daß wir eigentlich wissen, warum.

Man neigt dazu, solche Äußerungen nicht so ernst zu nehmen – aber Suggestionen können ganz erstaunliche, vielleicht sogar fatale Wirkungen erzeugen: zum Beispiel einen Menschen etwas sehen lassen, das in Wirklichkeit gar nicht vorhanden ist.

Professor Orne hat dies unter anderem 1960 in einer Sendung des kanadischen Fernsehens demonstriert, als er eine Versuchsperson durch hypnotische Suggestion dazu brachte, den Moderator der Sendung doppelt zu sehen. Man spricht in solchen Fällen von »Halluzination« oder Sinnestäuschung. Und dies kann alle Sinne betreffen – nicht nur Gesicht und Gehör, sondern auch Geruch, Geschmack und Tastsinn.

In diesem Hypnoseexperiment konnte die Versuchsperson zum Beispiel keinen Unterschied zwischen dem echten und dem halluzinierten Moderator feststellen, obwohl sie auf Anweisung von Professor Orne beide mit der Hand berührte.

»Körperlich war kein Unterschied zu bemerken«, sagt die Versuchsperson nach dem Experiment, »das Haar fühlte sich gleich an, ebenso die Struktur der Jacke.«

»Ist Ihnen einer von den beiden echter oder wirklicher vorgekommen?« möchte Professor Orne wissen.

»Eigentlich nicht«, meint die Versuchsperson, »aber dieser da (die Halluzination) – war mir sympathischer.«

»Das ist kein Wunder«, kommentiert Professor Orne, »Sie haben ihn ja auch erschaffen ...«

Unser Bewußtsein ist offenbar in der Lage, Bilder, wie es sie im Traumschlaf produziert, unter bestimmten Umständen auch dann zu produzieren, wenn wir wach sind. Gehirnforscher, wie beispielsweise der Chilene Francisco Varela, gehen heute davon aus, das nur ein Teil der Informationen, aus denen sich unser Bewußtsein sein Bild der äußeren Wirklichkeit bastelt, aus dem optischen Apparat der Augen stammt. Der Rest – vermutlich mehr als die Hälfte – kommt aus anderen Quellen: von anderen Sinnesorganen, vielleicht sogar aus jenem Bereich, den man als »außersinnliche Wahrnehmung« bezeichnet.

In diesem Zusammenhang könnte man auch an jene Erlebnisse von Menschen denken, die plötzlich »sahen«, wie ein naher Verwandter, der weit entfernt war, in Gefahr geriet – beispielsweise im Krieg verwundet wurde. Als unsere Sendereihe 1985 zum ersten Mal gesendet wurde, bekamen wir den Brief eines Zuschauers, der unter anderem folgendes schrieb:

»Bei einem Besuch meiner Eltern in Eisleben ... sagte mir meine Mutter: ›Hier in meinem Kalender habe ich notiert, am 15. Januar 1942, daß du an dem Tag gegen 14 Uhr schwer verwundet wurdest. Ich lag auf dem Sofa, ruhte mich aus und sah plötzlich an der Wand ein Bild. Soldaten wurden verwundet, darunter auch du. Es war nur ganz kurz zu sehen.‹ ... Ich betone, daß niemand zuvor mit meiner Mutter über Ort und Zeit meiner schwersten Verwundung gesprochen hatte. Also: Bildübermittlung von Rußland nach Eisleben ohne Fernseher!«

Wir werden uns mit solchen »Fernwahrnehmungen« in einem späteren Kapitel noch ausführlicher beschäftigen.

Viele Wissenschaftler nehmen derartige Erlebnisse nicht so recht ernst. Aber daß wir in der Tat ständig etwas sehen, das wir eigentlich gar nicht sehen können, ist unbestritten. Den Beweis dafür liefert der sogenannte »blinde Fleck«. An jener Stelle, wo der Sehnerv das Auge verläßt, liegen keine Sehzellen, und so müßte unser Blickfeld eigentlich zwei leere Stellen enthalten. Aber unser Gehirn füllt diese »Löcher« einfach aus. Daß unser Auge dort, wo sich der »blinde Fleck« befindet, tatsächlich nichts sieht, kann man sich durch ein kleines Experiment verdeutlichen:

Man nehme ein Blatt Schreibmaschinenpapier, lege es quer vor sich hin und zeichne in das rechte Drittel einen schwarzen Kreis von etwa zwei Zentimetern Durchmesser. Links davon, in einem Abstand von etwa elf Zentimetern zeichne man ein schwarzes Kreuz mit einer Balkenlänge von ebenfalls etwa zwei Zentimetern. Wenn man nun das rechte Auge zuhält und das Linke aus einer Entfernung von etwa vierzig Zentimetern starr auf den Kreis richtet, wird das Kreuz verschwinden. Ebenso wird, wenn man das linke Auge zuhält und mit dem rechten starr auf das Kreuz schaut, der Kreis verschwinden. Die richtige Entfernung, bei der Kreuz oder Kreis verschwinden, läßt sich durch Aufwärts- oder Abwärtsbewegung des Kopfes leicht herausfinden. Es ist nur wichtig, das offene Auge nicht hin und her zu bewegen.

Auf eine Distanz von vier Metern wird durch den »blinden Fleck« bereits ein Objekt von der Größe eines menschlichen Kopfes ausgelöscht – aber wir merken nichts davon. Unser Gehirn füllt die Lücke automatisch aus – und so sehen wir ständig etwas, das wir eigentlich gar nicht sehen können. Und diese Fähigkeit des Gehirns, Bilder zu produzieren, ist offenbar auch bei den Halluzinationserscheinungen wirksam.

Durch eine ganze Reihe von Hypnoseexperimenten ist gezeigt worden, daß nicht nur positive Halluzinationen – bei denen etwas nicht Vorhandenes gesehen wird – möglich sind, sondern umgekehrt auch negative Halluzinationen, bei denen etwas tatsächlich Vorhandenes *nicht* gesehen wird.

Richard von Krafft-Ebing, Ende des 19. Jahrhunderts Professor für Psychiatrie in Wien, beschrieb beispielsweise ein Experiment, in dem er einer Versuchsperson in Hypnose die Suggestion gab, sein Assistent sei verreist: »Dieser macht weiter seine Besuche, doch sie sieht und hört ihn nicht, ist daher entsetzt, weil sie die Türe gehen, einen Hut, eine Uhr durch die Luft sich bewegen und von unsichtbarer Hand die Blätter eines Buches umwenden sieht, denn sie nimmt nur die Gegenstände wahr, nicht den wegsuggerierten Träger.«

Es läßt sich bei solchen und ähnlichen Demonstrationen natürlich nicht mit absoluter Sicherheit sagen, ob die Reaktionen der Beteiligten echt sind oder nur gespielt. Aber es gibt Reaktionen in Hypnose, die schlechterdings nicht gespielt oder simuliert werden können – wenn man zum Beispiel ohne Betäubung operiert wird und keine Schmerzen verspürt, oder wenn meßbare körperliche Veränderungen erzeugt werden. Über derartige Vorgänge gibt es inzwischen eine ganze Reihe gut dokumentierter wissenschaftlicher Untersuchungen.

Kapitel 2

Es spielt sich alles im Kopf ab …

Hypnose: die Vorstellungskraft besiegt den Schmerz

Janet Salisz singt im Operationssaal: Kaiserschnitt in Hypnose / Phantomschmerz: ein amputiertes Bein verursacht Pein / Dr. Frankel: die Patientin weiß besser, was ihr guttut als der Arzt / Endorphine: das Gehirn produziert sich seine Drogen selbst / Eingebildete Schmerzen schmerzen ebenso: ein Hypnoseexperiment von Professor Orne.

Im Jahre 1962 spielte die amerikanische Hausfrau Janet Salisz, die heute in einem kleinen Ort in Michigan, im Norden der USA lebt, die »Hauptrolle« in einem aufsehenerregenden medizinischen Film.

Es hatte sich herausgestellt, daß das Kind, das sie erwartete, nur durch einen Kaiserschnitt zur Welt gebracht werden konnte. Da sie aber gegen alle bekannten Betäubungsmittel allergisch war, gab es nach Ansicht ihrer Ärzte nur noch eine Möglichkeit, ihr Schmerzen zu ersparen: indem man sie vor der Operation hypnotisierte. Die beteiligten Ärzte ließen die Operation und die Operationsvorbereitungen filmen – um ihre Kollegen zu überzeugen, daß man auch psychologische Techniken, wie die Hypnose, zur Schmerzkontrolle einsetzen könne.

Das Baby, ein Junge, kam ohne Probleme zur Welt, und Janet Salisz bestätigte später, daß sie während der Operation keine Schmerzen empfunden hatte. Nachdem dieser erste Versuch so erfolgreich verlaufen war, beschloß sie, noch zwei weitere Kinder in gleicher Weise zur Welt zu bringen: durch Kaiserschnittoperationen, die mit Hilfe von Hypnose durchgeführt wurden.

»Es war anders, als ich es mir vorgestellt hatte«, erinnert sich Janet Salisz. »Es war weniger eine Veränderung im Bewußtsein als vielmehr in meiner Körperempfindung. Ich hatte damit gerechnet, das Bewußtsein zu verlieren, aber statt dessen wurde mein Körper empfindungslos, und ich war nach der Entbindung so schlaff, daß ich kaum meine Arme und Beine bewegen konnte. Gleichzeitig war ich in einem Zustand der Euphorie und völlig in Einklang mit den Menschen um mich herum.«

Ihr Hausarzt wußte, daß Janet Salisz sich gerne durch Klavierspielen und Singen entspannte. Während der Hypnoseeinleitung zur Vorbereitung der Operation gab er ihr daher die Anweisung, sie solle sich vorstellen, daß sie Klavier spielt und dabei singt. Während des Singens, so suggerierte er ihr, werde sie sich immer weiter entspannen, und immer ruhiger werden. Diese Anweisungen wiederholte der Arzt später während der Operation, und so erlebte Janet Salisz singend, wie ihr Kind durch Kaiserschnitt zur Welt gebracht wurde.

»Ich war sehr erleichtert, als alles vorbei war«, meint Janet Salisz rückblickend. »Es ist überaus anstrengend, sich zu konzentrieren, wenn soviel um einen herum vorgeht. Ich hatte anfangs etwas mystische Vorstellungen von der Hypnose. Ich dachte, daß man dabei sein Bewußtsein einem anderen Menschen überantwortet und dann alles tut, was dieser verlangt. Aber in Wirklichkeit war es dann so, daß ich mich einfach völlig entspannte, und daß sich in dieser Entspannung mein Bewußtsein von meinem Körper trennte. Ich beobachtete, was da vor sich ging und ich fühlte mich wohl dabei. Und es wurde von Mal zu Mal einfacher.«

In einem Gespräch mit ihrem Arzt bestätigte Janet Salisz nach der Operation, daß sie sich trotz der Hypnose all dessen bewußt war, was um sie herum vorging. Sie weiß noch, daß sie gesungen hat, sie erinnert sich daran, wie sie die hellen Operationslampen betrachtete, und sie kann auch Auskunft darüber geben, was die Ärzte und Schwestern mit ihr gemacht haben: »Man hat mich gewaschen, und dann haben Sie – glaube ich – zwei Schnitte gemacht. Und dann spürte ich, wie Sie nach dem Baby getastet haben, und Sie fragten die Schwester, ob sie bereit wäre, das Baby zu nehmen, und dann war es auch schon da und fing an zu schreien. Und Sie sagten mir, ich solle meine Augen öffnen und ich öffnete sie und sah hier seinen Kopf und da seine Beine – es war ein Junge . . .«

Dieses außergewöhnliche Operationsverfahren ist nicht so ganz neu. Bereits Mitte des 19. Jahrhunderts hatte der schottische Arzt James Braid seine Patienten in Trance versetzt, um sie schmerzfrei operieren zu können. Da er den Eindruck hatte, daß seine Patienten dabei in einen schlafähnlichen Zustand gerieten, nannte er sein Verfahren – nach Hypnos, dem griechischen Gott des Schlafes, einem Sohn der Nacht und Zwillingsbruder von Thanatos, dem Gott des Todes – »Neurohypnose«: Nervenschlaf.

Braid erzielte mit dieser Narkoseform gute Erfolge – aber sie setzte sich dennoch nicht durch, denn kurz darauf entdeckte man Chloroform und Lachgas als Betäubungsmittel, die leichter anzuwenden waren.

Heute allerdings wird die Hypnose von einigen Ärzten wieder in ihrer ursprünglichen Weise bei Operationen eingesetzt – vor allem dann, wenn es sich um Patienten handelt, die gegen herkömmliche Betäubungsmittel allergisch sind, wie es zum Beispiel bei Janet Salisz der Fall war. Aber auch deshalb, weil man mit Hilfe von Hypnose die Schmerzen ohne Nebenwirkungen vertreiben kann.

Schmerz ist nun eigentlich keine Krankheit, sondern nur ein Signal – eine Warnlampe sozusagen, die anzeigt, daß in unserem Körper etwas nicht in Ordnung ist. Man wird also sinnvollerweise auch einen Schmerz nicht einfach wegprügeln – egal ob mit dem Hypnoseknüppel oder mit der chemischen Keule –, sondern erst einmal nach seiner Ursache forschen, und diese dann behandeln.

Was aber, wenn die »Warnlampe« des Schmerzes auch dann leuchtet, wenn kein organischer Defekt festgestellt werden kann? Oder wenn ein Körperteil schmerzt, der gar nicht mehr vorhanden ist - wie zum Beispiel ein amputiertes Bein? Man spricht dann von einem »Phantomschmerz« - und auch hier, so zeigt ein Fall aus Großbritannien, kann Hypnose helfen.

Der Londoner Taxifahrer Harold Librach litt, nachdem man ihm ein Bein amputiert hatte, mehr als siebzehn Jahre lang an solchen Phantomschmerzen.

»Mittwoch, 11. Februar. Um 6 Uhr morgens wachte ich auf mit Schmerzen und heftigem Kribbeln im ganzen Bein - dem Bein, das nicht mehr da ist.

Donnerstag, 26. März. Sehr heftige Schmerzen wecken mich gegen 2 Uhr morgens. Die schlimmste Nacht, die ich seit dem Verlust meines Beines durchgemacht habe.«

Dies sind Sätze aus einem Tagebuch, das Harold Librach auf Anweisung seines Arztes geführt hat. Die Schmerzen, die er darin beschreibt, haben ihn seit der Amputation nicht mehr verlassen. Alle Behandlungsversuche blieben erfolglos.

»Sein Gesicht war grau und eingefallen und er war ständig müde, weil er nicht genug Schlaf bekam«, erzählt Harold Librachs Frau.

Es war schrecklich für sie, mitansehen zu müssen, wie ihr Mann litt, ohne ihm helfen zu können. Sie erinnerte ihn zwar immer wieder daran, seine Tabletten zu nehmen, aber die Tabletten halfen nicht.

»Ich konnte die Schmerzen nur einschränken durch eine hitzige Diskussion, intensive Konzentration oder Sex«, erzählt Harold, und seine Frau meint, daß sie, zu seinem Glück, Freude an ihrem Sexualleben hat. Aber gelegentlich hat Harold wohl doch etwas übertrieben, und als sie von der Möglichkeit einer Hypnosebehandlung hörte, hat sie ihn dazu überredet. Er wollte nicht so recht, wegen der hohen Kosten, aber mit etwas Nachdruck – sie drohte, seine ehelichen Rechte zu beschränken – brachte sie ihn schließlich dazu, sich hypnotisieren zu lassen.

Der Arzt, zu dem Harold Librach in Behandlung ging, war Dr. Maher Loughnan, Vorsitzender des Bereichs Hypnose in der Royal Society of Medicine. Dr. Loughnan ist ein Arzt mit langjähriger Erfahrung, der sanft und freundlich mit den Patienten umgeht, sie zu eigener Aktivität anregt und eine Art der Hypnose betreibt, die man sozusagen als »antiautoritär« bezeichnen könnte.

Die Behandlung von Harold Librach erwies sich allerdings als schwierig und langwierig. Als selbst nach fünf Monaten noch kein Erfolg zu verzeichnen war und die Schmerzen Harold nach wie vor peinigten, war er drauf und dran, die Behandlung abzubrechen.

»Er war sehr niedergeschlagen, und ich hatte ein schlechtes Gewissen, weil ich ihn dazu überredet hatte, soviel Geld auszugeben«, erzählt Harolds Frau. »Aber dann, so wie bei einer Pflanze, die erst einige Zeit unterirdisch wächst und dann mit einem Mal durchbricht, stellte sich schließlich doch der Erfolg ein.«

»Die Schmerzen haben nachgelassen, und die Abstände zwischen den einzelnen Schmerzperioden sind länger geworden«, bestätigt Harold. »Und das nach nunmehr 17 Jahren.«

Hat er eine Erklärung dafür?

»Es spielt sich alles im Kopf ab«, meint Harold, »it's all in the mind.« Und seine Frau hält es für ein Wunder.

Er habe die Erfahrung gemacht, so berichtet Dr. Loughnan, daß seine Patienten ganz individuell auf die Behandlung ansprechen, unabhängig von ihrem Alter beispielsweise oder von ihrem Geschlecht. Bei einigen zeige sich ausgesprochen schnell ein Erfolg, bei anderen dauere es teilweise sehr lange. Aber alles in allem könne man doch mit einer Erfolgsquote von etwa achtzig Prozent rechnen – unabhängig von der Art der Symptome.

Dr. Loughnan ist auch der Ansicht, daß es sehr hilfreich wäre, wenn man voraussagen könnte, wie ein Patient reagiert. Aber obwohl man die Computer schon mit vielen Daten gefüttert hat, sei man bislang auf keine zuverlässigen Anhaltspunkte gestoßen, und es werde hier, so meint er, noch einiges an Forschungsarbeit zu leisten sein.

Während der Hypnosebehandlungen hat Dr. Loughnan Harold Librach unter anderem auch Anweisungen für eine Selbsthypnose gegeben, die Harold täglich zwanzig Minuten lang praktizieren soll. Und er hat ihm dabei auch die Suggestion gegeben, daß diese Selbsthypnose die gleiche therapeutische Wirkung haben werde, wie eine Sitzung in Loughnans Praxis.

Jeden Tag um die Mittagszeit fährt Harold Librach seitdem in den Regents Park, setzt sich auf den Rücksitz seines Taxis, schließt die Augen und zählt von zwanzig an rückwärts. Wenn er bei zehn oder neun angekommen ist, hört er gewöhnlich auf zu zählen und beginnt, sich in einer Art Tagträumerei zu verlieren.

»Es ist erfrischend«, meint Harold. »Und es hat geholfen, ganz zweifellos.« Allerdings weiß er noch nicht, was ihm da eigentlich geholfen hat. Und er steht vor einem Rätsel, vor allem, weil er das Gefühl hat, daß er diesen Vorgang nicht kontrollieren kann.

Er ist es nicht, der die ganze Sache kontrolliert – es ist etwas da oben in seinem Kopf – »something up there's controlling it . . .«

Den Begriff des »Unterbewußtseins« zu definieren sei sehr schwierig, meint Dr. Loughnan. Er selbst betrachte es von einem mechanistischen Standpunkt aus. Das Unterbewußtsein sei eben die Instanz, von der Herzschlag, Blutdruck, Atmung und andere funktionelle Abläufe in unserem Körper gesteuert werden. Und den Nutzen der Hypnose sieht er darin, daß damit unterbewußte Prozesse in Gang gebracht werden, mit deren Hilfe man Störungen im autonomen Nervensystem, das vom Unterbewußtsein kontrolliert wird, beheben kann.

Nicht alle Psychologen, Psychiater oder Ärzte betrachten dies von einem ebenso pragmatischen Standpunkt aus wie Dr. Loughnan. Und auch über die Frage, was denn nun eigentlich das menschliche »Bewußtsein« sei, gibt es keineswegs eine einheitliche Meinung.

Zum Teil wird die Ansicht vertreten, daß das Bewußtsein aus den chemischen und physikalischen Prozessen im Gehirn bestehe, und mit diesen praktisch gleichzusetzen sei, zum Teil betrachtet man es als eine Instanz, die nicht mit dem Gehirn identisch sei, sondern es statt dessen als eine Art Instrument benutze so wie etwa der Programmierer seinen Computer.

Im allgemeinen gehen die Psychologen heute davon aus, daß unsere Persönlichkeit aus verschiedenen mehr oder weniger selbständig handelnden Schichten besteht. In Anlehnung an die Auffassung von Sigmund Freud (1856 bis 1939) unterscheidet die Tiefenpsychologie beispielsweise das »Unbewußte« (oder »Es«) vom »Ich« und vom »Über-Ich«.

Eine Dreiteilung des seelischen Bereichs vertrat im Altertum bereits der griechische Philosoph Aristoteles (384 bis 322 v. Chr.), der von einer »vegetativen«, einer »animalischen« und einer »vernünftigen« Seele sprach. Für Aristoteles war das Herz das Zentralorgan des Seelenlebens und nicht, wie für uns, das Gehirn, das er wegen seiner vielen Windungen lediglich als eine Kühlungsvorrichtung für die vom Herzen aufsteigenden »Dämpfe« ansah. Überreste dieser Vorstellung haben sich bis heute in unserem Sprachgebrauch erhalten - wenn wir beispielsweise etwas beherzigen, oder wenn die Engländer für »auswendig lernen« die Formulierung benutzen: »to learn by heart«.

Für Aristoteles war die Seele außerdem die »Entelechie« des Körpers, eine Ordnungsinstanz, die für seine

Gestalt und seine Eigenschaften verantwortlich ist. Diese Auffassung war auch noch im späten Mittelalter verbreitet. Später definierte man Körper und Seele immer weiter auseinander.

Descartes (1596 bis 1650) unterschied zwischen der bewußt denkenden Seele (»res cogitans«) und dem automatenhaft unbewußt funktionierenden Körper (»res extensa«). Er nahm aber auch eine Wechselwirkung zwischen Körper und Seele an, von der er glaubte, daß sie durch die Zirbeldrüse im Gehirn koordiniert wird.

Bei Leibniz (1646 bis 1716) erscheinen Körper und Seele getrennt, so »als ob sie keinen Einfluß aufeinander ausübten«, laufen aber, auf Grund einer göttlichen Voraussicht, in ihren Aktivitäten weitgehend synchron.

Spinoza (1632 bis 1677) betrachtete Seele und Körper nicht mehr als selbständige Instanzen, sondern nur als unterschiedliche Ausdrucksformen der einen unendlichen (göttlichen) Substanz (»una eademque res sed duobus modis expressa«).

Für die Materialisten des 19. Jahrhunderts war das Seelische dann nur noch eine Äußerung oder ein besonderer Zustand der Materie, während ihre spiritualistisch orientierten Zeitgenossen die Auffassung vertraten, daß die eigentliche Wirklichkeit im Geistigen liege und die Materie lediglich eine Äußerung des Geistes sei. Die Auseinandersetzung über diese unterschiedlichen Standpunkte dauert auch heute noch an.

Ebenso uneinig ist man sich, wenn es darum geht, die Grenze zwischen »Bewußtsein« und »Unterbewußtsein« zu ziehen.

John Locke (1632 bis 1704) behauptete: »Es ist unmöglich wahrzunehmen, ohne wahrzunehmen, daß man wahrnimmt.« Sein Zeitgenosse Leibniz dagegen war der Ansicht, »daß es in jedem Augenblick eine Unendlichkeit von Perzeptionen (Wahrnehmungen) in uns gibt, aber ohne Apperzeption (Bewußtsein) und ohne Reflexion

(Nachdenken), das heißt, es gibt in der Seele selbst Veränderungen, deren wir uns nicht bewußt werden, weil die Eindrücke entweder zu gering und zu zahlreich oder zu einförmig sind«. Diese Erkenntnis von Leibniz hat die Wissenschaft inzwischen bestätigt – seine strikte Trennung von Leib und Seele hingegen gilt als widerlegt.

Sigmund Freud und seine Nachfolger betrachteten das »Unbewußte« als ein eigenständiges psychisches System, das dem bewußten »Ich« zuwiderhandeln und es durch seine triebhaften Ausbrüche in Verlegenheit bringen könne. Man verglich das »Unbewußte« mit einem Roß und das »Ich« mit seinem Reiter, der das gelegentlich ungebärdige Tier zu lenken und zu bändigen habe.

Für den Schweizer Psychologen C. G. Jung (1875 bis 1961) war das »Unbewußte« hingegen weniger ein triebhafter Störenfried, sondern vielmehr, im positiven Sinne, der Mutterboden der gesamten geistig-seelischen Entwicklung. Eine Auffassung, die bereits von den Philosophen der deutschen Romantik vertreten wurde, die, wie C. G. Carus (1789 bis 1827) beispielsweise, im »Unbewußten« den vitalen, mit dem All-Leben verbundenen Urgrund des flüchtigen Bewußtseins sahen.

Diese Betrachtungsweise findet heute, unter dem Etikett einer »ganzheitlichen Psychologie«, wieder zunehmenden Zuspruch. Man faßt alle seelischen Regungen, ob bewußt oder unbewußt, als Aspekte eines einheitlichen Ganzen auf. »Bewußt« ist jeweils der Bereich der äußeren oder inneren Wirklichkeit, auf den wir gerade unsere Aufmerksamkeit gerichtet haben. Der gesamte Rest ist »unbewußt«, kann aber bewußt gemacht werden, indem man sozusagen den »Lichtkegel« der Aufmerksamkeit darauf konzentriert.

Durch Einübung und Ausübung verschiedener Techniken des mentalen Trainings oder der Meditation bemüht man sich, die Steuerung der Aufmerksamkeit so zu beherrschen, daß man möglichst viele Aspekte des »Unbewußten« bewußt machen und damit in die Gesamtpersönlichkeit integrieren kann.

Es hat wenig Sinn, sich in die Auseinandersetzung um psychologische Begriffe und Abgrenzungen einzumischen – es sei denn, man verdient damit seinen Lebensunterhalt. Ein allgemein brauchbarer Standpunkt ist im Zweifelsfall der Pragmatische, ähnlich dem, den Dr. Loughnan vertrat. Wir wissen inzwischen, daß die Seele, der Geist, das Bewußtsein, die Vorstellungskraft – wie immer wir es nennen wollen – den Körper in einem erstaunlichen Ausmaß beeinflussen kann, und wir sollten uns angewöhnen, diese Fähigkeit in vernünftiger und konstruktiver Weise zu nutzen. Auch wenn wir noch nicht genau wissen, worin sie besteht und wie sie im einzelnen wirkt. Schließlich gehen wir im täglichen Leben ja ständig mit Dingen um, deren Innenleben uns weitgehend fremd ist – Auto, Fernsehapparat, Personalcomputer, Telefon, Waschmaschine, Radio, Reisewecker und so weiter und so fort.

Allerdings ist jeder Mensch, im Gegensatz zu den genannten Maschinen, ein einmaliges und unwiederholbares, lebendiges – und das heißt: wandlungsfähiges – Individuum. Deshalb gibt es für ihn auch weder eine verbindliche Gebrauchsanweisung noch allgemeingültige Patentrezepte. Jeder einzelne muß daher selbst herausfinden – wobei ihm natürlich andere, erfahrenere Menschen helfen können und sollen – was für ihn oder für sie gut ist.

Erinnern wir uns an das, was Dr. Loughnan gesagt hat: die Reaktion der Patienten auf die Hypnosebehandlung sei ausgesprochen individuell. Dementsprechend können auch Vorstellungsbilder ganz unterschiedlich wirken – und eine Suggestion, die bei einem Menschen hilfreich ist, kann bei einem anderen wirkungslos sein.

Das folgende Beispiel zeigt einen solchen Fall – und es zeigt auch, daß das Unterbewußtsein einer Patientin in der Lage ist, dem Arzt von sich aus eine wirkungsvollere

Suggestion anzubieten. Es handelt sich dabei um eine junge Frau, deren Verletzungen nach einem Autounfall verheilt sind – aber die Schmerzen in ihren Armen hörten nicht auf, und konnten nur dadurch gelindert werden, daß man ihre Arme unter Strom setzte. Dr. Frederik Frankel, Professor der Psychiatrie am Beth Israel Hospital in Boston, einem wichtigen Zentrum für Hypnoseausbildung in den USA, versuchte es schließlich mit einer Hypnosebehandlung.

»Bitte stellen Sie sich jetzt den Schmerz, den Sie empfinden, als eine Farbe vor«, sagt Professor Frankel zu seiner Patientin, nachdem er sie hypnotisiert hat. »Stellen Sie sich vor, daß diese Farbe nun zusammenschrumpft und immer kleiner wird, bis sie schließlich so winzig klein ist wie ein Sandkorn . . .«

Die Patientin folgt im Geiste den Anordnungen von Professor Frankel, aber die Suggestion einer sich verkleinernden Farbfläche bringt keine Erleichterung. Professor Frankel bittet sie daher, selbst eine Suggestion vorzuschlagen, die ihr besser helfen könnte, und sie wählt die Vorstellung, daß ihre Arme sich erwärmen.

»An Stelle der Farbe möchten Sie sich also Wärme vorstellen?«, fragt Professor Frankel nach.

»Ja«, antwortet die Patientin.

»Mit welcher Hand wollen wir beginnen? Mit der linken?«, fragt Professor Frankel. »Ist das in Ordnung für Sie, oder wollen wir lieber die rechte nehmen?«

»Nein«, antwortet die Patientin, »das ist in Ordnung.«

»Gut«, sagt Professor Frankel, »dann entspannen Sie sich nun immer mehr. Und wenn Sie wollen, dann erlauben Sie sich die Vorstellung, daß Ihre Hand sich erwärmt, dann ihr Unterarm und der Oberarm bis hinauf zur Schulter. Sie können diese Vorstellung ganz nach Belieben gestalten, indem Sie sich zum Beispiel vorstellen, vor einem offenen Kamin zu sitzen, oder indem Sie sich vorstellen, in der Sonne zu liegen – ganz wie Sie wollen.

Lassen Sie dieses Gefühl der Wärme sich von Ihrer Hand über den ganzen Arm ausbreiten. Und wenn sich dieses Gefühl eingestellt hat, dann sagen Sie es mir bitte, oder nicken Sie einfach mit dem Kopf.«

Nach einer Weile bestätigt die Patientin, daß ihre Schmerzen verschwunden sind. »Ich stellte mir vor«, berichtet sie nach Beendigung der Hypnosebehandlung, »daß ich vor einem offenen Kamin sitze, und das Feuer meine Arme erwärmt. Und diese Wärme brachte die Schmerzen zum Verschwinden.«

Hier war die Vorstellung von Wärme hilfreich – aber es ist auch von anderen Fällen berichtet worden, bei denen im Gegensatz dazu die Vorstellung von Kälte die Schmerzen vertreiben half. Welche Erklärung hat Professor Frankel für das, was hier in der Hypnose geschieht?

»Durch die Hypnoseeinleitung«, so meint er, »wird ein Zustand der Entspannung erreicht, die Aufmerksamkeit des Patienten wird auf einen bestimmten Punkt gelenkt, und es entsteht eine Atmosphäre hoffnungsfroher Erwartung. Diese drei Faktoren können auch ohne Hypnose bereits einem Menschen helfen, Schmerzen besser zu ertragen. Was die Hypnose noch hinzufügt, ist die Möglichkeit einer Veränderung der Wahrnehmung. Und wenn es gelingt, diese Elemente miteinander zu verbinden, dann ist man – was die Linderung von Leiden angeht – einen guten Schritt weitergekommen.«

Es ist inzwischen durch viele Untersuchungen und Experimente bestätigt, und auch von der Schulwissenschaft weitgehend akzeptiert worden, daß man mit Hilfe von Hypnose die Schmerzempfindung eines Menschen verändern kann. Sowohl im Sinne einer Verminderung oder Ausschaltung als auch, wie wir später noch sehen werden, einer Vermehrung oder Erzeugung von Schmerzen. Worauf dies aber zurückzuführen und was nun genau unter Hypnose zu verstehen ist, darüber besteht unter den Gelehrten derzeit noch keine Einigkeit.

Man hat inzwischen festgestellt, daß etwa 85 Prozent der Erwachsenen hypnotisierbar sind und zumindest das erste Stadium der Trance, die sogenannte Somnolenz oder Schläfrigkeit, erreichen können. Die zweite Stufe, Hypotaxie oder mittlerer Schlaf genannt, wird noch von etwa 45 Prozent Erwachsenen erreicht, und die dritte Stufe, Somnambulismus oder tiefe Trance, nur noch von 20 Prozent. Warum aber einige Menschen mehr und andere weniger leicht zu hypnotisieren sind, ist noch unklar. Statistisch gesehen lassen sich zwar Kinder leichter als Erwachsene und Frauen etwas besser als Männer hypnotisieren, aber über den jeweiligen Einzelfall kann diese Statistik wenig aussagen.

Man hat durch Messungen inzwischen auch festgestellt, daß der hypnotische Zustand in physiologischer Hinsicht (Grundumsatz, Pulsfrequenz, elektrischer Hautwiderstand, elektrische Gehirnaktivität, Reflexerregbarkeit) eher dem Wachzustand ähnelt als dem des Schlafes – und der Begriff »Hypnose« daher eigentlich unzutreffend ist. Aber er hat sich nun einmal eingebürgert.

Immerhin ist man sich heute weitgehend darüber einig, daß es sich bei der Hypnose um einen veränderten Bewußtseinszustand handelt, der gewöhnlich von einer tiefen Entspannung begleitet wird und bei dem die nach außen gerichtete Wahrnehmung herabgesetzt, die nach innen gerichtete Aufmerksamkeit aber verstärkt ist. Die rechte Großhirnhemisphäre ist dabei meßbar aktiver als die linke – etwa im Verhältnis 70 zu 30.

Unser Großhirn besteht aus zwei Hälften – sogenannten »Hemisphären« –, die durch einen Strang von Nervenbahnen miteinander verbunden sind. Man nimmt heute an, daß die beiden Großhirnhemisphären unterschiedlich arbeiten – die linke denkt wortbezogen und rational, sie kümmert sich um Details. Die rechte denkt intuitiv und bildhaft, sie hat den Gesamtzusammenhang im Blick. Gelegentlich sieht die linke den Wald vor lauter Bäumen nicht, und die Rechte sieht vor lauter Wald keine Bäume mehr. Und diese rechte Hemisphäre ist offenbar in der Hypnose besonders aktiv.

Diesen Bewußtseinszustand führt die hypnotisierte Person selbst herbei – nicht etwa irgendwelche besonderen »Kräfte« des Hypnotiseurs, der lediglich eine anleitende und begleitende Funktion hat.

Dies ist nun allerdings nur eine Beschreibung – aber keine Erklärung für das, was sich durch die Hypnose ereignet –, daß zum Beispiel Schmerzen verschwinden.

Es gibt allerdings einige Theorien darüber – zum Beispiel die sogenannte »Gate-Control-Theorie«, die Professor Ronald Melzak, ein Schmerzforscher aus Montreal, zusammen mit Patrick Wall in den 70er Jahren entwickelt hat.

»Die Schmerzempfindung«, so Professor Melzak, »wird als eine Art Signal über die Nervenbahnen zum Rückenmark und von dort ins Gehirn weitergeleitet. Im Gehirn selbst breitet sich das Schmerzsignal über unterschiedliche Wege aus. Zum einen wird es an jene Gehirnbereiche weitergeleitet, die mit dem Einordnen von Sinneswahrnehmungen befaßt sind – dann können wir sagen, was es für eine Art von Schmerz ist und wo er sich befindet. Zum anderen wird das Signal auch ins Innere des Gehirns geleitet, zum Limbischen System, das mit Gefühlen und Trieben zu tun hat – dann fühlt man sich unwohl und möchte etwas dagegen tun.

Es scheint nun so zu sein, daß man diese beiden Wirkungen voneinander trennen kann, indem man durch Befehle oder Suggestionen auf die gefühlsmäßig-triebhafte Komponente einwirkt. Man kann dann den Schmerz immer noch beschreiben und lokalisieren, aber er wird in anderer Weise empfunden und bewertet.«

Inzwischen geht man davon aus, daß an diesen Vorgängen im Gehirn bestimmte biochemische Substanzen beteiligt sind, sogenannte »endogene Morphine«, oder kurz: »Endorphine«. Endogen heißen sie, weil sie im Innern, im Gehirn selbst erzeugt werden, und Morphine, weil sie in ihrer molekularen Struktur dem Morphium ähneln und auch ähnlich wirken: sie blockieren Schmerz und vermitteln Glücksgefühle. In besonders reichem Maße werden sie in Extremsituationen produziert – in Augenblicken höchster Anspannung und Gefahr, beim Sterben ebenso wie bei der Geburt. Janet Salisz, über deren Kaiserschnittoperationen mit Hilfe von Hypnose wir zu Anfang dieses Kapitel berichtet haben, sprach davon, daß sie sich »in einem Zustand der Euphorie befand, und völlig im Einklang war mit den Menschen um sie herum«. Dies ist ein deutlicher Hinweis auf erhöhte Endorphinproduktion.

Unser Gehirn ist sozusagen eine kleine chemische Fabrik, und es kann sich die Stoffe, die es braucht, um schmerzfrei und glücklich zu sein, selbst erzeugen – wenn es die Situation erfordert, oder wenn wir es dazu anregen. Trance ist offenbar auch ein Mittel, um dies zu erreichen, und Meditations- und Entspannungsübungen sollen eine ähnliche Wirkung haben.

Eine weitere Möglichkeit, die Produktion der Endorphine und damit das eigene Wohlbefinden zu steigern, besteht darin, anderen Lebewesen etwas Gutes zu tun – das haben jedenfalls wissenschaftliche Untersuchungen ergeben. Unter der Überschrift *Lustgefühle beim Friseur* war im *Spiegel*, Heft 31/1990, beispielsweise folgender Bericht zu lesen:

»Das angenehme Gefühl, das viele Menschen bei einer Behandlung im Kosmetiksalon, einer Maniküre oder auch beim Friseur empfinden, ist nach Ansicht britischer Wissenschaftler auf die Ausschüttung von gehirneigenen, opiumähnlichen Substanzen zurückzuführen. Das Forscherteam von der Universität Cambridge unter dem Neurophysiologen Eric Keverne untersuchte den Hirnstoffwechsel einer Gruppe Affen bei der gegenseitigen Körperpflege. Dabei registrierten die Forscher einen deutlichen Anstieg von Beta-Endorphin, einer körpereigenen Substanz, die ähnliche Empfindungen auszulösen vermag wie etwa Opium und Morphin.

Wurde den Affen eine die Wirkung der Endorphine blockierende Substanz gespritzt, zeigten sie sich irritiert und vermehrten ihre Anstrengungen am jeweiligen Pflegeobjekt, gerade als müßten sie den Endorphinmangel kompensieren. Wurde den Affen dagegen eine geringe Dosis Morphin verabreicht, ließen sie in ihren Pflegebemühungen sofort nach.

Psychologen vermuten, daß die Belohnung mit guten Gefühlen für die nichtsexuelle Berührung von Artgenossen das Bedürfnis nach sozialen Interaktionen steigern soll.«

Es ist hier nicht der Ort, die Frage nach den Konsequenzen solcher Erkenntnisse zu beantworten – aber es mag immerhin erlaubt sein, sie zu stellen: Wenn bestimmte chemische Stoffe offenbar deshalb wirken, weil unser Gehirn sie im Bedarfsfall selbst produzieren kann, wäre es dann nicht sinnvoller zu lernen, wie wir unser Gehirn zu dieser Produktion anregen können – anstatt sie von außen zuzuführen und die Gehirnproduktion dadurch zu vermindern?

Wenn bestimmte Übungen oder bewußtseinsverändernde Techniken dabei offenbar hilfreich sein können, wäre es dann nicht sinnvoll, sie in größerem Umfange anzuwenden: beispielsweise bei der Heilung von Drogenabhängigkeit, oder – besser noch – um sie gar nicht erst entstehen zu lassen?

Das »Endorphinmodell« kann erklären, warum Schmerz verschwindet – und es ist mittlerweile auch weitgehend anerkannt. Inzwischen sind noch weitere, ähnliche Stoffe entdeckt worden – unter anderem die sogenannte »P-Substanz«, die Schmerzen auslösen soll, und deren Wirkung eine andere seltsame Tatsache erklären könnte: daß nämlich die Vorstellungkraft auch Schmerz erzeugen kann – ohne einen äußeren Anlaß.

Dr. Martin Orne, Professor der Psychiatrie am Pennsylvania Hospital in Philadelphia, demonstrierte dies höchst eindrucksvoll in einem Hypnoseexperiment, in dem er einem Studenten über eine am Unterarm befestigte Elektrode leichte Elektroschocks versetzte. Mit einem Meßgerät wurde dabei die physiologische Körperreaktion aufgezeichnet. Der Student wurde gebeten, die Stärke seiner Schmerzempfindung mit einer Zahl zwischen eins und zehn zu bezeichnen, wobei die Zehn einem starken, die Eins einem kaum erkennbaren Schmerz entsprechen soll.

Der Student bekommt den ersten Elektroschock im Zustand des normalen Wachbewußtseins und beziffert ihn mit einer Sieben. Professor Orne bittet ihn nun, sich zu entspannen und führt ihn in die Hypnose. Dann gibt er ihm die Suggestion, daß er den folgenden Elektroschock nicht als Schmerz empfinden werde. Der Schock hat die gleiche Stärke wie zuvor, und das Meßgerät verzeichnet eine entsprechende körperliche Reaktion – aber der Student spürt keinen Schmerz und beziffert seine Empfindung mit einer Eins.

Ohne sein Wissen wird nun die Verbindung zur Elektrode unterbrochen, so daß er keinen Elektroschock mehr empfangen kann. Professor Orne suggeriert ihm aber, daß er, wenn das entsprechende Geräusch zu hören ist, einen Schock bekommen und einen Schmerz empfinden wird, der dem entspricht, den er im Wachzustand mit einer Sieben beziffert hat.

Obwohl der Schock den Studenten gar nicht erreicht, zuckt dieser heftig zusammen. Noch erstaunlicher ist aber, daß auch das Meßgerät reagiert: der eingebildete Schmerz verursacht die gleiche körperliche Reaktion, wie der durch den tatsächlichen Elektroschock erzeugte. Und als er im Anschluß an die Hypnose nach dieser letzten Schmerzempfindung befragt wird, antwortet der Student: »Es war ein prickelnder Schmerz an meinem Unterarm – und er ging von der Elektrode aus.«

Ein vorhandener Schmerz wird nicht empfunden, weil man gesagt bekommt: es tut nicht weh. Andererseits wird ein nicht vorhandener Schmerz empfunden, weil man gesagt bekommt: jetzt tut es weh. Und mehr noch: der eingebildete Schmerz erzeugt die gleiche körperliche Reaktion wie ein echter Schmerz. Erstaunliche Dinge, die unser Gehirn da mit uns treibt, wenn wir uns in Hypnose befinden. Aber es kommt noch verrückter: denn durch die Vorstellungskraft kann man nicht nur Empfindungen erzeugen, sondern auch Brandblasen.

Literaturempfehlung Kapitel 1 bis 4:

G. R. Taylor: »Die Geburt des Geistes«
Thomas Svoboda: »Das Hypnosebuch«
Claus Bick: »Neurohypnose«
Karl Everding: »Jeder ist ein Feuerläufer«

Kapitel 3
Barfuß über glühende Kohlen ...
Feuerlaufen – vom religiösen Ritual zur Mutprobe für Manager

Die Vorstellungskraft erzeugt Brandblasen: das Münzexperiment / Timiti: gläubige Hindus laufen durch die Glut / Reine Glaubenssache: Feuerlauf als Gottesurteil und religiöses Ritual / Wer das Feuer nicht fürchtet, ist zu allem fähig: Feuerlauf als Psychotherapie / Für die Firma durchs Feuer: Mutprobe für Manager / Die entscheidenden 0,8 Sekunden: man muß nur schnell genug gehen – sagen Wissenschaftler.

Erstaunliche Dinge kann unser Geist mit unserem Körper anstellen, wenn wir uns in jenem besonderen Bewußtseinszustand befinden, den man »Trance« nennt.

Ein besonders spektakuläres Beispiel bietet das sogenannte »Münzexperiment«, das in der Hypnoseliteratur häufig zitiert wird. Dabei wird einer hypnotisierten Person eine kalte Münze auf den Arm gelegt mit der Suggestion, die Münze sei glühend heiß – und es bildet sich eine Brandblase.

Dr. Leon Chertok, ein französischer Arzt und Fachmann für psychosomatische Erkrankungen, hat vor einiger Zeit am Fernand-Vidal-Krankenhaus in Paris ein derartiges »Münzexperiment« durchgeführt. Dr. Chertok hatte in der medizinischen Literatur gelesen, daß man durch Suggestion Brandblasen hervorrufen könne, aber er glaubte nicht so recht daran. Dann fand er eines Tages eine Patientin, die sich sehr gut hypnotisieren ließ und bereit war, einen solchen Versuch mitzumachen. Das Experiment wurde filmisch dokumentiert, es war erfolgreich, und nun bleibt Dr. Chertok gar nichts anderes übrig, als daran zu glauben.

Nachdem er sie hypnotisiert hat, legt Dr. Chertok seiner Patientin eine kalte Münze auf den Unterarm und suggeriert ihr, die Münze sei sehr, sehr heiß. Als die Patientin gefragt wird, ob sie die Hitze spüren könne, antwortet sie mit nein.

Auch etwas später spürt die Patientin keine Hitze, sondern nur den Druck der Münze auf ihrem Arm. Dr. Chertok gibt ihr nun die Suggestion, daß sich im Laufe des Nachmittags eine Brandblase auf der Haut bilden würde, so *als ob* die Münze sehr heiß gewesen wäre. Er umrandet dann die Stelle, wo sich jetzt die Münze befindet, und wo später die Brandblase erscheinen soll. Auf Befragen antwortet die Patientin wieder, daß sie keine Hitze spüre, sondern nur einen leichten Druck.

Nach einer Stunde ist an jener Stelle, wo sich die Münze befand, eine leichte Rötung auf der Haut zu bemerken. Nach zwei Stunden ist bereits eine Veränderung der Hautoberfläche zu beobachten, und nach drei Stunden hat sich eine deutlich erkennbare Blase gebildet, die von einem Hautarzt untersucht und als eine typische Brandblase bezeichnet wurde.

Dr. Chertok war sehr beeindruckt – eine Erklärung für diesen Vorgang hat er jedoch bislang nicht gefunden. »Die Theorie besagte«, so meint er, »daß eine halluzinierte, eine eingebildete Hitze die gleiche Wirkung haben sollte wie wirkliche Hitze. Aber in diesen Fall war es anders, denn die Patientin spürte gar keine Hitze – und trotzdem bildete sich eine Brandblase, so als ob eine Phantasie, ein Vorstellungsbild, sich direkt in der Haut ausprägen könnte. Ich denke, wir stehen hier vor einem großen Rätsel.«

Solche Experimente sind regelrecht unheimlich – aber man sollte bedenken, daß hier nicht eine Art »magischer Kraft« des Hypnotiseurs am Werke ist, sondern, daß der Geist, das Bewußtsein, die Vorstellungskraft der hypnotiserten Person diese Wirkungen verursacht. Es kann auch niemand gegen seinen Willen in Hypnose versetzt werden, und nach Ansicht von Psychologen ist im Grunde jede Fremdhypnose eigentlich eine Selbsthypnose – allerdings unter Anleitung und Führung des Hypnotiseurs.

»Niemand gelangt gegen seinen Willen in Hypnose«, befand 1951 der Psychologe M. Brenman. »Es kann aber sein, daß er sich dieser Absicht nicht bewußt ist.«

Ein Beispiel dafür, daß ein Patient in Hypnose den Suggestionen des Hypnotiseurs nicht unbedingt Folge leisten muß, hat Dr. Joe Barber vom Pain Management Center der University of California in Los Angeles berichtet. Er behandelte einen Polizisten, der nach Ausheilung einer Verletzung an chronischen Rückenschmerzen litt, mit Hypnose. Während der Sitzungen suggerierte er dem Patienten, daß er seinen Schmerz mit einer Zahl zwischen eins und zehn bezeichnen und sich dann vorstellen sollte, daß diese Zahl immer kleiner wird. Es gelang ihm nach einiger Zeit auch, die Zahl bis auf eins zu bringen und die Schmerzempfindung entsprechend zu vermindern. Als Dr. Barber ihm dann probeweise die Suggestion gab, er solle die Zahl in seiner Vorstellung wieder erhöhen, zum Beispiel auf eine Sechs, folgte der Patient dieser Aufforderung nicht – obwohl er in einer tiefen Trance war. Das Motiv, keinen Schmerz empfinden zu wollen, war stärker als die Bereitschaft, dem Hypnotiseur zu gehorchen.

»Wenn jemand in Hypnose ist«, schließt Dr. Barber aus seinen Erfahrungen, »bedeutet das noch lange nicht, daß er auch alles tut, was man ihm befiehlt. Ebenso wie man niemand gegen seinen Willen hypnotisieren kann, bringt man ihn auch nicht dazu, in Hypnose irgend etwas zu tun, wenn er es nicht will.«

Ins Reich der Fabel gehören auch die Schilderungen von Gewaltverbrechen, die Menschen unter dem Zwang hypnotischer Suggestionen begangen haben sollen. »Suggestiones inclinant, non necessitant« – könnte man in Abwandlung einer alten Astrologenregel sagen –, »die

Suggestionen zwingen nicht, sie machen nur geneigt.« Allerdings kann in Hypnose die Bereitschaft, Dinge zu tun, die man sonst nicht tun würde – im positiven wie im negativen Sinne – erheblich zunehmen. Der Mensch tut zwar nichts, was seinem wahren Wesen widersprechen würde, aber es hat sich gezeigt, daß im Zustand der Trance die Kritikfähigkeit des Menschen herabgesetzt ist und anerzogene Verhaltensprogramme vorübergehend außer Kraft gesetzt werden können. Dadurch kann der unter Erziehungprägungen, Konventionen, Vorurteilen, Denkmodellen und falschen Selbstbildern verborgene, »wahre« Mensch zum Vorschein kommen. Wer sich selbst nicht kennt, könnte dabei schon einige – erfreuliche oder auch unerfreuliche – Überraschungen erleben.

Der Psychologe Peter R. Hofstätter schrieb in diesem Zusammenhang: »In der Regel entziehen sich Menschen spontan dem Einfluß der Suggestion, wenn in dieser ihrem ethischen Empfinden zuwiderlaufende Verhaltensweisen gefordert werden. Die Möglichkeit läßt sich jedoch nicht ausschließen, daß die Suggestion verdrängte asoziale Triebregungen ansprechen und damit deren handlungsmäßige Realisierung erleichtern könnte.« Solche »verdrängten Triebregungen« können aber auch bei allen möglichen anderen Gelegenheiten zum Vorschein kommen – es bedarf dazu nicht der Hypnose.

Solche erstaunlichen Erscheinungen, wie die Entstehung einer Brandblase im »Münzexperiment«, lassen sich auch durch Autosuggestion, durch Selbstbeeinflussung, durch einen besonders starken Glauben erzielen. Dies wurde in verschiedenen Fällen von sogenannter »Stigmatisierung« deutlich, wo am Körper von Menschen beispielsweise die fünf Wundmale Christi aufgetreten sind.

An all diesen Erscheinungen ist nichts Übernatürliches – aber sie zeigen auch, wozu ein Mensch sich selbst gegenüber fähig ist. Und die meisten Dinge, die uns angetan werden, tun wir uns offensichtlich selber an.

Wenn nun aber, wie oben geschildert, die Vorstellungskraft in der Lage ist, Brandblasen zu erzeugen - kann sie sie dann vielleicht auch verhindern?

Immer wieder wird von Menschen berichtet, die scheinbar unempfindlich gegen Feuer sind, die glühende Kohlen anfassen oder darauf herumtanzen. Ein eindrucksvolles Beispiel in dieser Hinsicht ist das »Firewalking«, das Feuerlaufen - ein Brauch, der in vielen Teilen der Welt geübt wird, unter anderem auch in Singapore.

Es ist Oktober, und im Hof des Sri-Mariamman-Tempels in der South Bridge Road - er ist der älteste und wichtigste Hindutempel der Stadt - hat sich eine große Menschenmenge versammelt. Durch Absperrungen und bewaffnete Polizisten ist sie von einer flachen Grube in der Mitte des Hofes getrennt, die mit glühenden Holzkohlen gefüllt ist.

Die Musik, die kurz zuvor noch aus einigen Lautsprechen dröhnte, ist jetzt verstummt. Die Menschenmenge wartet in gespanntem Schweigen.

Am Rande der Feuergrube steht eine Gruppe von Männern, die gelbe Lendenschurze tragen - alle sind barfuß, einige haben sich aus Blumen geflochtene Kränze um den Hals gelegt. Die Männer bewegen sich unruhig hin und her und diskutieren.

Dann löst sich plötzlich einer aus der Gruppe und läuft mit raschen Schritten über die glühenden Kohlen. Andere folgen - manche langsam, manche im Laufschritt. Einer spielt auf einer Flöte und wiegt sich wie in einem rhythmischen Tanz.

Immer mehr Männer betreten die glühenden Kohlen und laufen hinüber. Die Zuschauer geraten in Begeisterung, klatschen, pfeifen und feuern mit lauten Rufen die Läufer an.

Am Ende der Feuergrube fallen die Feuerläufer sich um den Hals. In ihren Gesichtern spiegelt sich die Dramatik der Szene, die Spannung löst sich in Tränen - ob es

Tränen der Freude und der Erleichterung sind oder Tränen des Schmerzes – das ist schwer zu sagen.

Die seltsame Prozedur ist Bestandteil eines Zyklus' von Ritualen, der »Timiti« genannt wird und sich über zweieinhalb Monate erstreckt. Grundlage und Ursprung bildet die »Mahabharata«, das indische Nationalepos. Es erzählt von den Kämpfen zweier Familien, vor allem von den Taten des Prinzen Ardjuna, und ist gleichzeitig Heldenlied und religiös-moralisches Lehrgedicht. Sein wohl wichtigster Bestandteil ist die »Bhagavadgita«, das »Lied des Erhabenen«, eines der wesentlichsten philosophischen Werke der Weltliteratur. Als es Ende des 18. Jahrhunderts in Europa bekannt wurde, hat es vor allem die deutschen Philosophen der Romantik begeistert und inspiriert. Der Gelehrte und Staatsmann Wilhelm von Humboldt (1767 bis 1835) war davon so ergriffen, daß er einem Freunde schrieb: er danke Gott, daß er ihn solange habe leben lassen, um dieses Gedicht noch lesen zu können.

Im »Timiti«-Zyklus nun werden einzelne Szenen und Ereignisse der »Mahabharata« in stilisierter Form nachgespielt – aber wie das Feuerlaufen hineingeraten ist, kann nicht mit Sicherheit ermittelt werden. Im ursprünglichen »Mahabharata«-Text ist davon jedenfalls nicht die Rede. Die gängigste Erklärung führt das Feuerlaufen auf eine Legende zurück: als der Prinz Arjuna aus dem Krieg zurückkehrte, entstand das Gerücht, seine Gattin Draupadi habe ihm in der Zwischenzeit die Treue gebrochen. Um ihre Unschuld zu beweisen, unterzog sie sich der Feuerprobe. Sie ging barfuß über glühende Kohlen, ohne sich zu verbrennen.

Und die gläubigen Hindus vollziehen diese Feuerprobe nach: mitten im 20. Jahrhundert, und in einer der modernsten Städte des Fernen Ostens.

Sie haben sich lange darauf vorbereitet. Durch Fasten, Beten und gottgefällige Lebensweise. Wenn sie den Feuerlauf unbeschadet überstehen, ist dies ein Beweis für den Erfolg ihrer Bemühungen und die Reinheit ihres Glaubens. Wenn ihr Glaube stark genug ist, werden sie sich nicht verbrennen – ob aber ihr Glaube stark genug ist, wird sich erst herausstellen, wenn sie die glühenden Kohlen betreten.

Die Feuergrube ist etwa sechs Meter lang, und die Kohlen entwickeln eine Hitze von etwa 600 bis 700 Grad Celsius. Und es verletzen sich nicht wenige beim Feuerlaufen – manchmal bis zu zwanzig von hundert.

Der eigentliche Ursprung des Feuerlaufens verliert sich im Dunkel der Frühgeschichte. Im Alten Testament wurde es erwähnt, im 5. Buch Moses beispielsweise, wo es heißt: »Wenn du in das Land kommst, das dir der Herr, Dein Gott, geben wird, so sollst du nicht lernen tun die Greuel dieser Völker, daß nicht jemand unter dir gefunden werde, der seinen Sohn oder Tochter durchs Feuer gehen lasse, oder ein Weissager oder ein Tagwähler oder der auf Vogelschrei achte oder ein Zauberer.«

Außerdem finden sich Berichte darüber in Quellen der griechischen und römischen Antike. Plinius der Ältere (23 bis 79 v. Chr.) schrieb beispielsweise: »Nicht weit von der Stadt Rom, im Gebiet der Fallisker, leben einige wenige Familien, Hirper genannt; diese gehen beim jährlichen Opfer, welches am Berg Soracte dem Apollo dargebracht wird, über einen brennenden Holzstoß, ohne sich zu verbrennen. Deshalb sind sie auch durch einen immerwährenden Senatsbeschluß vom Kriegsdienst und allen anderen Auflagen befreit.«

Der Feuerlauf war vorzeiten auch eine Form des Gottesurteils. Gottesurteile wurden in der Rechtsprechung angewendet, wenn Schuld oder Unschuld eines Angeklagten durch Zeugen oder Beweise nicht einwandfrei festgestellt werden konnten. Der Grundgedanke dabei war, daß der Unschuldige im Glauben an seine Unschuld und mit Gottes Hilfe Dinge tun kann, zu denen er sonst nicht fähig wäre: zum Beispiel Gift trinken, ohne Schaden zu nehmen, oder in kochendes Wasser greifen, ohne sich zu verbrühen, oder über glühende Kohlen, über glühende Steine oder glühende Pflugscharen zu laufen, ohne sich zu verbrennen.

Die Kaiserin Kunigunde soll dies im 11. Jahrhundert getan haben, als man sie beschuldigte, ihrem Gatten, Kaiser Heinrich dem Zweiten, untreu geworden zu sein. Eine bemerkenswerte Parallele zur »Mahabharata«.

1250 wurden die Gottesurteile vom Laterankonzil verboten, und sie verschwanden aus der Rechtsprechung. Mit Recht - denn hier zeigte sich weniger die Unschuld eines Menschen als vielmehr seine Fähigkeit, sich in Trance zu versetzen. Als religiöses Ritual hat sich aber das Feuerlaufen vielerorts bis heute erhalten - in Indien, in Südamerika, auf einigen pazifischen Inseln, in Japan und China, in Bulgarien und Griechenland.

Ohne diesen religiösen Hintergrund hat es in letzter Zeit auch in den westlichen Industriestaaten immer mehr Anhänger gefunden, und es gibt inzwischen regelrechte Seminare - Workshops im Feuerlaufen. Der Kalifornier Tolly Burkan hat in seinen Workshops etliche tausend Teilnehmer dazu gebracht, über glühende Kohlen zu laufen - nach nur vierstündiger Vorbereitungszeit, ohne wochenlanges Fasten und Beten. Die westliche Zivilisation bevorzugt schnelle Rituale.

Auch Larissa Vilenskaya, eine russische Wissenschaftlerin, die jetzt in Kalifornien lebt, hat solche Workshops durchgeführt. Während der PSI-Tage 1984 in Basel hielt sie einen Vortrag über ihre Arbeit und lief anschließend dreimal über die glühenden Kohlen - vor den Kameras von ZDF, SRG und ARD. Und am gleichen Abend sah man Frau Dr. Vilenskaya auf der PSI-Party tanzen. Eine Woche später veranstaltete sie in Winterthur einen Workshop im kleinen Kreis, und dabei sind fünf Leute mit ihr durchs Feuer gegangen.

»So, wie ich es sehe«, sagte Larissa Vilenskaya in einem Interview, das wir mit ihr führten, »geht es darum, den Leuten zu helfen, ihre psychologischen Probleme zu lösen, Furcht, Ängste und Hemmungen zu überwinden. Das ist der Zweck – und das Feuerlaufen ist nur ein Mittel, um diesen Zweck zu erreichen. Ich sage den Leuten: wenn ihr imstande gewesen seid, diesen Schritt zu tun – eure Furcht zu überwinden und über glühende Kohlen zu gehen –, dann könnt ihr einen solchen Schritt tun, wann immer im Leben ihr dies braucht. Wenn es darum geht, die Stellung zu wechseln oder Beziehungen in Ordnung zu bringen oder Lösungen für schwierige Situationen zu finden – dann werdet ihr auch imstande sein, auf euer Gefühl, auf eure Intuition zu hören und eine Lösung zu finden. Ihr habt gelernt, daß ihr euch selbst und eurer inneren Kraft vertrauen könnt. Und das ist meiner Meinung nach die wichtigste Lehre, die wir aus dem Feuerlaufen ziehen können.«

Inzwischen gibt es auch hier bei uns Feuerlaufveranstaltungen dieser Art in größerem Rahmen, zum Teil mit zwanzig und mehr Teilnehmern. Es gibt Psychologen, die es in ihr (»ganzheitliches«) psychotherapeutisches Repertoire aufgenommen haben, und es werden von (»ganzheitlichen«) Managementberatern sogar ganze Firmenbelegschaften über die glühenden Kohlen geführt. Vielleicht, damit sie lernen, für den Boß oder die Bossin die Kastanien aus dem Feuer zu holen?

Wir hatten vor einiger Zeit die Gelegenheit, bei einem Feuerlaufseminar zu filmen, das ein junger Amerikaner namens Ken Cadigan, ebenfalls Schüler von Tolly Burkan, in Süddeutschland abgehalten hat.

Nach einer mehrstündigen Vorbereitung durch Gespräche, Meditation und Lieder hat man am Nachmittag gemeinsam einen großen Holzstoß aufgeschichtet, der bei Einbruch der Dunkelheit entzündet wird. Feuer hat den Menschen seit jeher fasziniert – aber auch geängstigt, und vielleicht wird von den Menschen, die sich ihrer Schuhe und Strümpfe entledigt, sich bei den Händen gefaßt und einen Kreis um den brennenden Holzstoß gebildet haben, jetzt doch der eine oder andere wünschen, er - oder sie - wäre zu Hause geblieben.

Man wartet - und das dauert seine Zeit - bis das Feuer soweit heruntergebrannt ist, daß nur noch glühende Holzkohlen übriggeblieben sind. Die Kohlen werden mit einem Rechen gleichmäßig verteilt, über eine Strecke von vielleicht drei Metern, und dann ist es soweit: Ken Cadigan geht als erster über die glühenden Kohlen, die anderen folgen ihm nach und nach. Verletzt hat sich bei dieser Aktion niemand, und es haben auch alle mitgemacht. Für einige der Teilnehmer war es nicht das erste Mal, und eine junge Frau meinte:

»Es ist jedesmal ein ganz enthusiastisches Erlebnis für mich. Ich bin jedesmal fast ›high‹, wenn ich da drüber gehe. Ich liebe das Feuer irgendwie und ich kann eigentlich sagen, daß ich jedesmal das Gefühl habe: wenn ich da durchgegangen bin, dann kann ich durch jede Angst gehen im Leben - einfach durchgehen. Ich habe vorhin auch gezittert und hatte Angst, obwohl es das vierte Mal ist - aber jetzt freue ich mich total.«

Ob als religiöses Ritual in Singapore oder als Managementtraining, Psychotherapie oder ekstatisches Gruppenerlebnis hierzulande - das Feuerlaufen ist ein erstaunliches Phänomen, und man fragt sich, während einem schon beim Zuschauen die Haare zu Berge stehen, wie etwas Derartiges dem Menschen überhaupt möglich ist.

Man hat schon in früheren Zeiten nach einer Erklärung für dieses Phänomen gesucht. Vor etwa hundert Jahren beauftragte beispielsweise die französische Regierung den großen Zauberer - Zauberer im Sinne von Trickkünstler - Jean-Eugène Robert-Houdin, das Geheimnis der algerischen Feuerläufer zu lüften. Er fand heraus, daß sie sich vor dem Feuerlauf die Füße mit Alaun einrieben und sich durch eine Art Selbsthypnose in Trance versetzten. Aber ist mit dieser Beobachtung erklärt, warum die Menschen sich auf den glühenden Kohlen ihre Fußsohlen nicht verbrennen?

Man hat in diesem Zusammenhang auch auf das »Leidenfrostsche Phänomen« hingewiesen – benannt nach Johann Gottlob Leidenfrost, einem Arzt des 18. Jahrhunderts. Man kann es beobachten, wenn ein Wassertropfen auf eine heiße Herdplatte fällt: auf seiner Unterseite bildet sich eine Dampfschicht, die ihn vor der unmittelbaren Berührung mit der Platte schützt – und deshalb verdampft er nicht sofort, sondern tanzt auf der Platte noch eine Weile hin und her, bis er sich schließlich ganz in Dampf verwandelt hat. Dementsprechend wurde gesagt: die Füße der Feuerläufer entwickeln sehr viel Schweiß, und der verdampft – also laufen die Feuerläufer gleichsam auf einer Art Dampfkissen über die Kohlen, ohne sie zu berühren.

Dies sieht nun allerdings nicht gerade nach einer einleuchtenden Erklärung aus. Denn erstens sind die Kohlen nicht glatt wie eine Herdplatte, und zweitens kann man sich auch an heißem Dampf ganz erheblich verbrennen.

Die Experten sind sich, was die Erklärung des Feuerlaufens angeht, auch heute noch nicht ganz einig. Einige halten es für etwas Besonderes, andere nicht. Wissenschaftler des Max-Planck-Instituts in Seewiesen sind der Meinung, daß sie dem Feuerlauf seinen magisch-mystischen Nimbus genommen haben. Ihre Beobachtungen von Feuerläufern in Griechenland – den sogenannten »Anastenarides« – ergaben, daß diese gewöhnlich ihre Fußsohlen nicht länger als 0,8 Sekunden der Glut aussetzten. Sie haben dann Selbstversuche durchgeführt, bei dem sie auf einer Strecke von drei Metern über glühende Holzkohlen von etwa 400 Grad Celsius liefen – ohne sich zu verbrennen. In einer Zusammenfassung ihrer Untersuchungsergebnisse heißt es:

»In mehreren Selbstversuchen konnten wir zeigen, daß trotz kurzfristiger Spitzentemperaturen von 200 Grad Celsius für bis zu 0,8 Sekunden in der Hornhaut ein schadloses Überqueren der Holzkohlenglut (438 bis 240 Grad Celsius) ohne Vorbereitungszeremoniell, ohne jegliche psychophysischen Ausnahmenzustände, ohne Verknüpfung mit religiösen Glaubensinhalten, ohne spezielle Gehtechnik und andere Hilfsmittel barfuß in normaler Alltagsverfassung möglich ist. Da jedoch die Angst vor dem Feuer sehr tief verwurzelt sein kann, könnte ihre Überwindung eine tiefgehende Wirkung auf Stabilität und Identität der Persönlichkeit haben.«

Nun könnte man sich natürlich fragen, ob ein Mensch, der im Begriff ist, barfuß über glühende Kohlen zu gehen, sich noch in einer »normalen Alltagsverfassung« befindet. Und ob nicht vielleicht allein schon das Bewußtsein dessen, was er da zu tun sich entschlossen hat, ihn in einen »psychophysischen Ausnahmezustand« bringen könnte. Aber davon abgesehen reduziert sich, wenn man es aus dieser Perspektive betrachtet, das »Wunder« doch wohl auf eine - wenngleich beachtliche - Mutprobe. Aber darum geht es den Beteiligten ja auch - darum, Ängste zu überwinden und Selbstsicherheit zu gewinnen.

Ob die Kraft des Geistes in der Lage ist, die verbrennende Wirkung des Feuers wirklich auszuschalten oder auch nur zu mindern - das allerdings läßt sich aus dieser Form des Feuerlaufens jedenfalls nicht ableiten. Daß unser Bewußtsein oder unser Unterbewußtsein aber immerhin die Heilung von Brandwunden wesentlich beschleunigen kann, das hat ein amerikanischer Arzt gezeigt - indem er Patienten mit schweren Verbrennungen hypnotisierte.

Kapitel 4
Der Körper gehorcht dem Geist
Kaum glaublich, aber wahr: Heilungen mit Hilfe von Hypnose

Dr. Ewin: Verbrennungen heilen schneller und leichter / Dr. Loughnan: um mehr als 25 Prozent bessere Ergebnisse bei Asthma / Dr. Smith: eine allergieauslösende Substanz bleibt wirkungslos / Dr. Baumann: Vorstellungsbilder erzeugen einen Asthmaanfall / Dr. Mason: eine unheilbare erbliche Krankheit aus Versehen weghypnotisiert / Wie läßt sich dies alles erklären?

Hypnose hilft heilen – das ist keine Erkenntnis unserer Tage. Schamanen, Priester und Ärzte haben sie seit Jahrtausenden praktiziert – unter anderen Namen, versteckt zum Teil auch unter allen möglichen Formen von rituellem Hokuspokus.

Der römische Historiker Plutarch (50 bis 125 n. Chr.) berichtete von einem Griechen namens Antiphon, der im 4. Jahrhundert vor Christus lebte und »Kranke durch Worte heilen konnte«.

Im Mittelalter meinte Meister Eckehart (1260 bis 1327): »Die Vorstellungen der Seele wirken kräftiger auf den Leib als der Arzt und seine Arzneien.« Und Thomas von Aquin (1225 bis 1274) sagte: »Jede Idee, die in der Seele entsteht, ist ein Befehl, dem der Körper gehorcht.«

Es gibt eine Fülle von eindrucksvollen Beispielen – wir haben einige davon erwähnt – die zeigen, wie solche Befehle, solche Suggestionen wirken können. Blutungen werden zum Stillstand gebracht, Schmerzen werden vertrieben – oder erzeugt –, und Brandblasen bilden sich ohne Anwendung von Hitze.

Daß man andererseits die Folgen schwerer Verbrennungen mit Hilfe von Suggestionen schneller und besser überwinden kann, hat der amerikanische Arzt Dr. Dabney

Ewin entdeckt, als er 1968 begann, seine Patienten bei Brandverletzungen mit Hypnose zu behandeln.

»1959 haben Laboruntersuchungen ergeben«, so erklärt Dr. Ewin, »daß man bei Verbrennungen zwei Aspekte beachten muß: einerseits die Verletzung der Haut durch die Hitze und andererseits die Reaktion des Körpers darauf in Form einer Entzündung – mit Schmerzen, Schwellungen und Brandblasen. Und mit Hilfe von Hypnose kann man diese Entzündungsreaktion unterbinden.«

Bei seinem ersten Fall hatte eine Alkoholexplosion das Gesicht des Patienten verbrannt und seine Augenbrauen abgesengt. Dr. Ewin traf ihn in der Notaufnahme, etwa eine halbe Stunde nach dem Unfall, versetzte ihn in Hypnose und suggerierte ihm Kühle und Wohlbefinden.

»Normalerweise folgt auf eine solche Verbrennung innerhalb von 24 Stunden eine schwere Entzündung mit heftigen Schwellungen, die dazu führen, daß die Patienten alle ähnlich aussehen, mit dicken ›Mondgesichtern‹ und Augen, die so fest zugeschwollen sind, daß man sie kaum öffnen kann, um sie zu untersuchen. Und es dauert dann an die sechs Wochen, bis eine Heilung erfolgt ist.«

In diesem Fall war es anders. Als Dr. Ewin ihn 31 Stunden später wieder besuchte, fühlte der Patient sich wohl und hatte noch nicht einmal ein Aspirin verlangt, obwohl er wußte, daß man ihm auf Wunsch auch Morphium gegeben hätte. Er konnte seine Augen völlig öffnen und es gab keine Anzeichen der sonst üblichen Schwellung und Entzündung. Die allmähliche Heilung verlief dann leicht und angenehm, und nach vierzehn Tagen konnte der Patient wieder zur Arbeit gehen.

»Es scheint so zu sein«, meint Dr. Ewin, »daß durch die Verbrennung ein Reiz an das zentrale Nervensystem geleitet wird, der zu einer Entzündungsreaktion führt. Wenn man hier nun innerhalb von zwei Stunden nach der Verbrennung mit Hypnose eingreifen kann, wird offenbar diese Reaktion unterbunden, und die Entzündung bleibt aus. Der Körper verhält sich so, als ob er nicht verbrannt worden wäre – soweit es die Entzündungsreaktion angeht.«

Ein anderer Patient von Dr. Ewin hatte sich durch einen Azetylenbrenner den Arm verletzt. Azetylen entwickelt eine Hitze von etwa 3000 Grad, und die Flamme hatte buchstäblich Hemd und Unterarm des Mannes verkohlt. Dr. Ewin hypnotisierte ihn etwa eine Stunde nach dem Unfall und versorgte die Wunde mit einem Verband. Der Patient ging anschließend wieder zur Arbeit. Auf einem Foto, das 21 Stunden später aufgenommen wurde, ist keine Schwellung zu sehen, obwohl die Haut ringsum verkohlt ist. Der Patient hatte keine Schmerzen, es gab keine Anzeichen für eine Infektion, und nach zwölf Tagen war die Verbrennung völlig abgeheilt.

Wie reagierten Dr. Ewins Kollegen auf diese erstaunlichen Erfolge?

»Diejenigen, die selbst mit Hypnose arbeiten, waren nicht überrascht«, meint Dr. Ewin. »Und die anderen neigten zu der Annahme, daß die Verbrennungen nicht so schwer gewesen sind, wie es den Anschein hatte. Es haben aber inzwischen weitere Untersuchungen stattgefunden, deren Ergebnisse ebenfalls zeigten, daß man in der Tat durch Hypnose die Entzündungsreaktion auf eine Verbrennung unterbinden kann.«

Die Erfolge von Dr. Ewin legen die Vermutung nahe, daß nicht nur die Reaktion des Körpers auf die Verbrennung verändert wird, sondern daß auch eine Beschleunigung des eigentlichen Heilungsprozesses stattfindet. Womit das zusammenhängt, ist allerdings noch nicht genau erwiesen.

Neuere wissenschaftliche Untersuchungen haben gezeigt, daß Wachstumshormone die Heilung von Wunden oder Knochenbrüchen beschleunigen können. Und sie können andererseits auch den natürlichen Alterungsprozeß verlangsamen. Die Ergebnisse der Hypnosebehandlungen deuten darauf hin, daß wir in einem veränderten Bewußtseinszustand die Produktion dieser Wachstumshormone beeinflussen können. Dies wäre auch eine Erklärung dafür, daß Menschen, die im Geiste – im Denken und Fühlen – jung geblieben sind, auch körperlich langsamer altern. Der Satz: »Man ist so alt, wie man sich fühlt«, wäre dann buchstäblich wahr – und nicht nur im übertragenen Sinne. Solche Überlegungen sind derzeit wissenschaftlich noch nicht völlig abgesichert. Aber es sprechen etliche Hinweise für eine solche Annahme, und es ist sicher in jedem Fall besser, wenn man sein Denken auf Jugend und Gesundheit richtet und nicht auf Alter und Krankheit.

Wissenschaftlich gut dokumentiert sind inzwischen allerdings die Heilerfolge von Hypnosebehandlungen bei Asthma.

Der Londoner Juwelenhändler Harold Black gehört zu einer Reihe von Asthmapatienten, deren Leiden durch Hypnosebehandlung erheblich gemildert werden konnte. Die ersten Symptome seiner Krankheit tauchten im Zusammenhang mit belastenden Umständen auf, dem Tod seiner Mutter, dem Umzug in ein neues Haus und beruflichen Schwierigkeiten.

Eines Nachts, so erzählt Harold Black, wachte er auf und hatte das Gefühl, als ob ihn jemand erwürgen wollte. Er sprang aus dem Bett und riß das Fenster auf, um mehr Luft zu bekommen. Aber es wurde nicht besser – er kämpfte mit Atemnot und seine Frau war sehr erschrokken, weil sie nicht wußte, was da vor sich ging. Der Hausarzt diagnostizierte Asthma und empfahl Harold Black, zu einem Spezialisten zu gehen – dessen Behandlung ihm dann auch sehr geholfen hat, meint seine Frau.

Der Spezialist, den Harold Black besuchte, war Dr. Maher Loughnan, seinerzeit Vorsitzender des Bereichs Hypnose in der Royal Society of Medicine. Dr. Loughnan behandelte Harold Black über einen gewissen Zeitraum mit Hypnose und er hat ihm während der Sitzungen auch beigebracht, sich durch Selbsthypnose in einen Zustand der Entspannung zu bringen, der ihm hilft, seine Asthmaanfälle zu kontrollieren. Seither bittet Harold Black von Zeit zu Zeit seine Sekretärin, für etwa zwanzig Minuten keine Anrufe durchzustellen, damit er in Ruhe seine Entspannungsübungen machen kann.

Harold Blacks Frau ist sehr zufrieden mit der Verbesserung, die sich im Laufe der Behandlung eingestellt hat. Harold wollte zum Beispiel lange Zeit nicht mehr mit ihr tanzen, weil er einfach Angst vor einem Anfall hatte. Seitdem er die Selbsthypnose praktiziert, belastet ihn dies nicht mehr, und inzwischen gehen sie wieder zum Tanzen. Und Mrs. Black genießt es, auch wenn ihr Mann, wie er einräumt, nicht gerade der beste Tänzer der Welt ist. Aber jedenfalls kann er jetzt wieder tanzen – und das ist nur ein kleines Beispiel für die Verbesserungen, die sich ergeben haben.

Was Harold Black am meisten belastete bei seinen Asthmaanfällen war dieses Gefühl, keine Luft zu bekommen, und durch die Selbsthypnose hat er gelernt, sich zu entspannen und diese Anfälle zu kontrollieren. Und mit zunehmender Übung gelingt ihm dies immer besser – auch wenn es sich, seiner Ansicht nach, dabei um einen Vorgang handelt, der sich weitgehend im Unterbewußtsein abspielt.

Harold Black ist kein Einzelfall.

»Die British Medical Association«, so berichtet Dr. Loughnan, »hatte schon 1958 empfohlen, die Möglichkeit einer Anwendung von Hypnose bei Asthmaerkrankungen zu erforschen. Es wurden dann klinische Untersuchungen mit 350 Patienten durchgeführt, von denen eine Hälfte in herkömmlicher Weise und die andere Hälfte mit Hypnose behandelt wurde. Bei der Hypnosegruppe betrug die Erfolgsquote etwa 69 Prozent, bei der

Kontrollgruppe 42 Prozent – ein deutlicher Unterschied zugunsten der Hypnosebehandlung.«

Wenn die seelische Komponente bei der Entstehung einer Krankheit eine so deutliche Rolle gespielt hat wie hier, dann ist es kein Wunder, wenn eine psychologische Technik eine Verbesserung bewirkt – so könnte man angesichts dieses Falles sagen. Aber wir haben schon an anderen Beispielen gesehen, wie durch die Hypnose ganz konkrete körperliche Wirkungen erzielt werden können, und dies gilt offenbar auch bei Asthma.

Eine amerikanische Ärztin hat zum Beispiel in einer Reihe von wissenschaftlichen Versuchen gezeigt, daß man durch Hypnose die Wirkung einer Chemikalie, die gewöhnlich einen leichten asthmatischen Anfall hervorruft, aufheben kann. Sie heißt Dr. Laurie Smith und beschäftigt sich am Walter Reed Army Hospital in Washington mit der Untersuchung von Allergien.

»Mein Interesse für Hypnose wurde geweckt, als meine Mutter vor einiger Zeit das Rauchen aufgab«, erzählt Dr. Smith. »Sie hatte zwanzig Jahre lang geraucht, und nach drei Hypnosesitzungen hörte sie einfach auf. Das beeindruckte mich und ich wollte mehr über Hypnose wissen, über die verschiedenen Anwendungsbereiche und vor allem, ob man dadurch auch körperliche Veränderungen hervorrufen kann. Ich lernte also zu hypnotisieren und behandelte einige Patienten damit. Zur Zeit arbeite ich nun an einem Forschungsprogramm, durch das wir untersuchen wollen, inwieweit sich durch Hypnose meßbare körperliche Wirkungen erzielen lassen.«

In einer Reihe dieser Experimente wurden Asthmapatienten hypnotisiert und inhalierten dann eine Chemikalie, die normalerweise einen leichten asthmatischen Anfall auslöst. Dr. Smith wollte dabei herausfinden, ob man durch Hypnose die Reaktion der Patienten auf diese Chemikalie verändern kann. Und es ist ihr in dieser Untersuchung auch gelungen, die Wirkung von Hypnose auf die Empfindlichkeit der Atemwege durch Messungen wissenschaftlich nachzuweisen.

»Ungefähr 75 Prozent unserer Versuchspersonen konnten durch Hypnose die Empfindlichkeit ihrer Atemwege so beeinflussen, daß die Wirkung einer Chemikalie, die Asthma hervorruft, abgeschwächt wurde«, berichtet Dr. Smith. »Bei vier Personen zeigte die Chemikalie überhaupt keine Wirkung mehr, obwohl sie bei ihnen vorher, ohne Hypnose, einen Asthmaanfall hervorgerufen hatte. Das heißt: wir können durch Hypnose einen direkten Einfluß auf das autonome Nervensystem gewinnen, und zwar nicht nur im seelischen, sondern auch im körperlichen Bereich. Und wir können dies auch durch physiologische Messungen nachweisen.«

Das autonome Nervensystem – auch vegetatives Nervensystem genannt – steuert in unserem Körper die Drüsentätigkeit und den Herzrhythmus, die gesamte glatte Muskulatur, die Blutgefäße und verschiedene Hautreflexe, wie zum Beispiel Verengung oder Erweiterung der Poren. Die Wissenschaft war lange Zeit der Meinung, daß es durch unser Bewußtsein nicht beeinflußt werden könne – deshalb nannte man es auch »autonom«, das heißt: selbständig oder unabhängig. Berichte von Yogis oder Fakiren, die zum Beispiel ihren Herzschlag willkürlich verlangsamen oder auch andere »autonome« Körpervorgänge beherrschen konnten, wurden als Legenden abgetan, oder auf Betrug und Manipulation zurückgeführt.

Inzwischen haben die Versuche von Dr. Smith und vielen anderen gezeigt, daß das autonome Nervensystem doch nicht so »autonom« ist, wie man annahm, und daß wir lernen können, darauf einzuwirken: durch Fremd- oder Selbsthypnose, durch Biofeedback, durch Autosuggestionsübungen und mentales Training.

Wie aber lassen sich diese verblüffenden, teilweise an Wunder grenzenden Wirkungen, die der Geist oder das Bewußtsein über das Unterbewußtsein auf das autonome

Nervensystem und von da aus auf den Körper ausüben kann, erklären?

Ein möglicher Schlüssel dazu liegt in einer Reihe von chemischen »Botenstoffen«, zum Beispiel Hormonen und Neurotransmittern, sowie jenen Teilen des Gehirns und des Nervensystems, von denen sie produziert und verteilt werden. Der wichtigste Bestandteil dieses Systems ist nach neueren Erkenntnissen der Hypothalamus. Er stellt das Zentrum des sogenannten Limbischen Systems dar, das unterhalb des Großhirns liegt und häufig auch als »Säugerhirn« bezeichnet wird, weil es bei den Säugetieren am höchsten entwickelt ist. Das Limbische System steuert unter anderem Körpertemperatur, Pulsfrequenz, Blutdruck und Blutzuckerspiegel. Es ist auch an der Entstehung von Gefühlen und emotional-triebhaften Reaktionen beteiligt und sichert die vier Grundfunktionen des Überlebens: Ernährung, Kampf, Flucht und Fortpflanzung.

Vom Limbischen System führen besonders viele Nervenbahnen zum Stirnlappen des Großhirns, der offenbar für Urteilsbildung, Planung, Entscheidungen und zielgerichtetes Verhalten zuständig ist. Man hat festgestellt, daß Menschen nach Zerstörung oder Entfernung des Stirnlappens die Fähigkeit verloren, sich zu konzentrieren, vorauszuplanen oder sich an neue Gegebenheiten anzupassen.

Man könnte nun eine Verbindungslinie ziehen vom konzentrierten und zielgerichteten Denken des Stirnlappens zum Limbischen System und damit zum Hypothalamus, der unter anderem die wichtigste Hormondrüse des Körpers steuert: die Hypophyse. Diese wiederum steuert die übrigen Hormondrüsen des Körpers und die Informationsübertragung im Nervensystem. Mit dieser »Stirnlappen - Hypothalamus - Hypophyse - Drüsen - Nerven - Schiene« bietet sich nun eine recht einleuchtende Erklärung für viele der bisher erwähnten körperlichen Wirkungen von Bewußtseinsprozessen an. Das Hormon Kortisol beispielsweise fördert die Blutgerinnung, das vegetative Nervensystem beeinflußt die Zusammenziehung der Blutgefäße, und beide werden von der Hypophyse gesteuert: dies könnte eine Erklärung liefern für die Fähigkeit, Blutungen zu stillen, die wir im ersten Kapitel erwähnt haben.

Das Kortison, ebenfalls ein Hormon der Nebennierenrinde und Abkömmling des Kortisols, hat eine antiallergische und entzündungshemmende Wirkung. Damit ließen sich die Erfolge von Dr. Ewin und Dr. Smith erklären, von denen in diesem Kapitel die Rede war.

Das somatotrope Wachstumshormon STH wirkt indirekt auf alle Körperzellen, indem es Enzyme »einschaltet«, die für den Kohlehydrat-, Eiweiß- und Fettstoffwechsel zuständig sind. Es beeinflußt, wie schon erwähnt, auch Wachstum, Wundheilung und Alterungsprozesse. Was die Regulierung des Stoffwechsels angeht, so könnte man hier einen Zusammenhang vermuten mit den Erfolgen von Hypnosebehandlung bei Über- oder Untergewicht. Und schließlich ließe sich über das STH auch das erstaunliche Phänomen der »hypnotischen Brustvergrößerung« erklären, die Gordon R. Taylor in seinem Buch *Die Geburt des Geistes* beschrieben hat:

»Es gibt aus dem Jahr 1948 Berichte über einige Versuche, die Brust mittels Hypnose zu vergrößern, und 1974 berichtete ein gewisser J. E. Williams, er habe mit dieser Methode einige Erfolge erzielt. Kurz darauf beschloß R. D. Willard, der damals am Institute of Behavior and Mind Science arbeitete, diese Behauptungen wissenschaftlich zu überprüfen.

Er fand 22 freiwillige weibliche Versuchspersonen im Alter zwischen 19 und 54 Jahren. Ihre Brüste wurden von einem unabhängigen Mediziner sorgfältig vermessen: Höhe, Durchmesser und Umfang. Es wurde ihnen gesagt, sie sollten sich vorstellen, über ihre Brüste fließe warmes

Wasser, die Brüste würden warm werden; wenn das nicht funktioniere, sollten sie sich vorstellen, ein Warmlicht würde sie anstrahlen. Sie würden fühlen, wie ihre Brüste zu pulsieren beginnen. Die Suggestionen erfolgten unter leichter Trance, und die Frauen erhielten auf Band gesprochene Instruktionen, mit deren Hilfe sie diese Routineübungen täglich wiederholen sollten. Bei allen wurden in bestimmten Abständen Kontrolluntersuchungen durchgeführt.

Nach zwölf Wochen hatten 28 Prozent der Frauen die von ihnen jeweils gewünschte Brustgröße erreicht und beendeten die Übungen. Insgesamt hatten 85 Prozent der Frauen eine gewisse Vergrößerung erreicht und 46 Prozent mußten sich größere Büstenhalter kaufen. Der durchschnittliche Zuwachs betrug etwa 1,7 Zentimeter vertikal, 2,5 Zentimeter horizontal und 3,4 Zentimeter im Umfang. Einige Frauen brachten es auf fast das Doppelte dieses Zuwachses. Ein Zyniker mag fragen, ob sie nicht einfach ganz generell an Gewicht zugenommen hätten, doch tatsächlich haben 42 Prozent dieser Frauen zwei Pfund oder mehr abgenommen. Darüber hinaus hatten vierzehn dieser freiwilligen Versuchspersonen Kinder und wünschten sich eine festere Brust. Sie alle erreichten in dieser Hinsicht eine gewisse Verbesserung. Und schließlich, als besonderes Extra, hatten die Frauen, deren Brüste ungleich groß gewesen waren, am Ende gleich große Brüste.«

Eine Wiederholung dieses Versuchs durch Psychologen an der Universität in Houston bestätigte Willards Ergebnis. Und bei einer Nachuntersuchung, drei Monate später, fand man, daß achtzig Prozent des Zuwachses erhalten geblieben war.

Man könnte diese Fälle auch mit einem anderen Hormon statt STH in Verbindung bringen: mit dem Prolaktin nämlich, das unter anderem die Zellbildung in den Milchdrüsen steigert. Aber wie auch immer – in jedem

Falle sind Hypophyse und Hypothalamus die Steuerungsorgane.

Das sogenannte pankreotrope Hormon, dessen Existenz allerdings noch umstritten ist, soll eine Vergrößerung der insulinproduzierenden Inselzellen in der Bauchspeicheldrüse bewirken. Mangelnde Insulinproduktion ist Ursache der Zuckerkrankheit.

Es zeigen sich hier mögliche Zusammenhänge des Hypothalamus-Hypophyse-Systems mit einer Fülle von Krankheiten, bei denen auch die Schulmedizin akzeptiert, daß sie psychosomatisch, das heißt, durch geistig-seelische Vorgänge hervorgerufen oder wenigstens mitverursacht sind: Magen- und Darmstörungen, Asthma, Kreislaufstörungen, Überfunktion der Schilddrüse, Zuckerkrankheit, Menstruationsstörungen, Hautleiden und Allergien. Diese Überlegungen sind noch weitgehend spekulativ. Aber es hat sich inzwischen ein neuer Wissenschaftszweig gebildet, die »Psycho-Neuro-Immunologie«, die sich mit diesem Bereich beschäftigt und auch schon eine Reihe von »harten« wissenschaftlichen Erkenntnissen vorlegen kann. Unter anderem wurde festgestellt, daß über den Hypothalamus auch die Produktion der weißen und roten Blutkörperchen und das körpereigene Abwehrsystem gesteuert wird. Wir wollen uns damit in einem späteren Kapitel noch etwas ausführlicher beschäftigen.

Es gibt jedenfalls aufregende Neuigkeiten auf diesem Gebiet – aber im Detail ist noch vieles unklar. Immer mehr ernst genommen wird aber zumindest die Annahme, daß es eine Wechselwirkung zwischen geistig-seelischen und körperlichen Prozessen gibt. Und die »Schnittstelle« sozusagen zwischen »Körper« und »Geist« scheint der Hypothalamus zu sein.

René Descartes, der diese Funktion der Zirbeldrüse zuschrieb, lag also gar nicht so weit daneben. Wenn er überhaupt daneben lag – denn wir wissen noch sehr wenig über die Zirbeldrüse, und auch hier sind noch etliche Überraschungen möglich.

Daß Suggestionen auf das Limbische System einwirken können, hat Professor Melzak schon in den 70er Jahren in seiner »Gate-Control-Theorie« vertreten, die wir in Kapitel zwei erwähnt haben. Durch den Hypothalamus, das Zentralorgan des Limbischen Systems, wird die Hypophyse gesteuert, und durch die Hypophyse die Hormonproduktion im Körper. Auf dieser Linie ließe sich eine ganz plausible Erklärung dafür finden, daß mit Hilfe von Hypnose Allergien gebremst werden können: durch eine gesteigerte Produktion des Nebennierenhormons Kortison nämlich, das eine antiallergische Wirkung hat. Wie aber steht es mit dem seltsamen Sachverhalt, daß die Vorstellungskraft Allergien nicht nur bremsen, sondern auch – und das sogar ohne äußeren Anlaß – hervorrufen kann?

Der kalifornische Arzt Dr. Franz Baumann hat einen solchen Fall erlebt. Vor etwa 25 Jahren behandelte er einen zehnjährigen Jungen, der an multipler Allergie litt. Der Junge war fast gegen alles in der Welt allergisch und lebte in einem hermetisch abgeschlossenen Raum, der durch Spezialfilter belüftet wurde, damit kein Staub, keine Blütenpollen oder Federn hereinkommen konnten, denn das waren alles Dinge, auf die er allergisch reagierte. Nachdem verschiedene Behandlungsmethoden erfolglos geblieben waren, bat man Dr. Baumann, es mit Hypnose zu versuchen.

Er nahm daraufhin an einem Hypnosekurs teil und wendete dann das neuerworbene Wissen bei seinem Patienten an. Wie er es im Kurs gelernt hatte, sagte er dem Jungen, er solle sich vorstellen, er sei auf einer schönen Bergwiese voller Blumen und zwitschernder Vögel, an einem wunderschönen sonnigen Tag, und aus der Ferne sei der friedliche Klang von Kuhglocken zu hören. Für Dr. Baumann verband sich mit dem Geläut von Kuhglokken die Vorstellung von Ruhe und Frieden. Aber der Junge wußte, daß zu Kuhglocken Kühe gehören, und daß er gegen Kuhhaare allergisch war, und so bekam er auf Grund dieser Vorstellung einen heftigen Asthmaanfall.

»Er bekam keine Luft mehr«, erzählt Dr. Baumann, »sein Gesicht lief blau an, und ich hatte gerade noch rechtzeitig die Eingebung, ihm zu sagen, er solle sich vorstellen, daß ein Hubschrauber neben ihm landet, daß er in diesen Hubschrauber einsteigt und hoch emporgetragen wird, bis in eine Höhe, wo die Luft klar und kräftig ist und frei von allen Verunreinigungen, und wo er wieder ohne Schwierigkeiten atmen kann.

Mit Hilfe dieser Vorstellung gelang es ihm, wieder zu Atem zu kommen, und nach ein paar tiefen Atemzügen sagte er: ›Wissen Sie Doktor, dieses kleine Flugzeug ist gerade noch rechtzeitig gekommen‹. Es war ihm klar, daß er in Lebensgefahr geschwebt hatte.«

Für Dr. Baumann war dies ein unglaublich beängstigendes Erlebnis, und es hat ihn veranlaßt, die Hypnose aufzugeben und zur Schulmedizin zurückzukehren. Obwohl ihm natürlich später klargeworden ist, daß er im Falle dieses Jungen einfach die falschen Vorstellungsbilder gewählt hatte. Die Blumen, die Vögel und ihre Federn, die Kuhhaare – das waren alles Dinge, gegen die der Junge allergisch war – und er reagierte auf diese Vorstellungsbilder so, wie er draußen in der Natur darauf reagiert hätte.

Eine bloße Vorstellung – so Dr. Baumanns Schlußfolgerung – kann also ebenso machtvoll sein wie die tatsächliche Wirklichkeit.

Die medizinische Literatur berichtet über eine Reihe ähnlicher Fälle. Häufig zitiert wird das Beispiel einer Frau, die gegenüber Rosen allergisch war. Diese Allergie trat auch dann auf, wenn man ihr eine Vase mit künstlichen Rosen ins Zimmer stellte. In Hypnoseexperimenten wurde gezeigt, daß eine harmlose Substanz Allergien auslöste, wenn man der Versuchsperson suggerierte, daß es sich dabei um eine allergieauslösende Substanz handle. Andererseits hatte eine allergieauslösende Substanz keine Wirkung, wenn durch die Suggestion der Eindruck erzeugt wurde, die Substanz sei harmlos.

Was kann man aus solchen Fällen schließen? Muß man nicht annehmen, daß der Körper selbst Stoffe produzieren kann, die Allergien auslösen? Aber warum sollte er das tun? Man kann verstehen, daß der Körper daran interessiert ist, Allergien zu verhindern und die dafür nötigen Stoffe bereitstellt – aber welches Interesse sollte er daran haben, allergische Reaktionen hervorzurufen? Fragen, die noch auf eine Antwort warten.

Eine der spektakulärsten Heilungen mit Hilfe von Hypnose fand in den 50er Jahren in England statt, als Dr. A. A. Mason eine bis dahin als unheilbar bezeichnete erbliche Hautkrankheit – sozusagen aus Versehen, weil er dachte, daß es sich um Warzen handelte – einfach weghypnotisierte und damit in die Medizingeschichte einging.

»Ich war damals Narkosefacharzt und hatte mich auch mit Hypnose beschäftigt«, erzählt Dr. Mason. »Unter anderem hatte ich damit erfolgreich Warzen behandelt. Eines Tages wurde ein Junge von etwa sechzehn Jahren in den Operationssaal gebracht, dessen Hand verkrustet war, so als ob sie von Tausenden von Warzen bedeckt wäre. Ich war für die Narkose zuständig, während Dr. Moore, der Chirurg, eine Hautverpflanzung vornahm. Ich sah, daß er ein unzufriedenes Gesicht machte, weil eine frühere Hautverpflanzung nicht richtig angewachsen war, und sagte zu ihm: ›Warum versuchen Sie es nicht mal mit Hypnose? Das hilft sehr gut bei Warzen.‹ Er sah mich ziemlich sauer an, sagte: ›Versuchen Sie's doch selber‹ – und verließ den Operationssaal. Ich brachte dann den Jungen wieder auf die Station zurück und sagte der Schwester, daß ich am nächsten Tag wiederkäme, um ihn zu behandeln.«

Am nächsten Morgen sagte Dr. Mason dem Jungen, daß Dr. Moore ihm den Fall übertragen hätte, daß er ihn mit Hypnose behandeln wollte, und daß er damit schon in vielen anderen Fällen erfolgreich gewesen sei. Der Junge war einverstanden. Also hypnotisierte Dr. Mason ihn und gab ihm die Suggestion, daß die Warzen von seinem rechten Arm verschwinden würden. Er solle sich eine Woche später wieder melden, sagte ihm Dr. Mason, und das tat er auch. Sein rechter Arm war sauber, der linke immer noch verkrustet. Dr. Mason war einigermaßen zufrieden und nahm ihn mit zu dem Raum, in dem Dr. Moore arbeitete. Er hielt die Arme des Jungen hoch, damit dieser sie durch die Glasscheibe sehen konnte. Dr. Moore riß den Mund auf, legte seine Instrumente weg und kam heraus.

»Da sehen Sie«, sagte Dr. Mason, »Hypnose funktioniert gut bei Warzen.«

»Um Himmels willen«, entgegnete Dr. Moore, »wissen Sie, was Sie da angerichtet haben?«

»Nein«, sagte Dr. Mason, »was denn?«

»Nun«, sagte Dr. Moore, »das ist ein Fall von congenitaler ichthyosiformer Erythrodermie nach Brocq. Und nun geh'n Sie mal in die Bibliothek und schlagen Sie nach, was das ist.«

Zu seinem Entsetzen fand Dr. Mason, daß es sich hierbei um eine unheilbare erbliche Hautkrankheit handelt, die darin besteht, daß in einigen Bereichen der Haut keine Talgdrüsen ausgebildet sind. Dadurch wird die Haut nicht genügend eingefettet und es bilden sich dicke, harte Verkrustungen. Daß sich etwas Derartiges bessert ist ungefähr so, als ob ein Klumpfuß plötzlich normal würde.

Er kehrte also einigermaßen erschüttert zu Dr. Moore zurück und dieser fragte: »Haben Sie herausgefunden, was es ist?«

»Ja«, gab Dr. Mason zu, und Dr. Moore sagte: »Fein – dann finden Sie mal schnell eine Erklärung – wir werden diesen Fall nämlich übermorgen der Royal Society of Medicine vorführen.«

Das haben sie dann auch getan. Aber Dr. Mason konnte ebensowenig eine Erklärung dafür liefern wie irgendjemand sonst.

»Ich habe den Jungen vier Jahre später noch einmal untersucht«, erzählt Dr. Mason, »und die Verbesserung war nicht nur geblieben, sie hatte sich sogar noch etwas gesteigert. Allerdings waren immer noch einige verkrustete Hautpartien übriggeblieben, und ich wollte die Behandlung gerne noch einmal aufnehmen und versuchen, eine völlige Heilung zu erzielen. Der Junge war einverstanden, aber als ich ihn hypnotisieren wollte, stellte sich heraus, daß dies völlig unmöglich war. Ich hatte ihn unzählige Male hypnotisiert, auch in Anwesenheit von Kollegen im Royal College of Medicine, um das Phänomen der Hypnose zu demonstrieren – und nun war er völlig unhypnotisierbar.«

Dr. Mason war ausgesprochen verblüfft über diesen Sachverhalt, aber ihm kam dann später der Gedanke, daß der Junge vielleicht Angst gehabt hatte, daß sich statt einer Verbesserung eine Verschlechterung einstellen könnte, und lieber in Ruhe gelassen werden wollte, da er sich in seinem derzeitigen Zustand wohl fühlte. Dr. Mason hat ihn seither nicht wieder gesehen.

»Was nun eine Erklärung des Falles angeht«, meint Dr. Mason, »so könnte ich mir vorstellen, daß vielleicht Ansätze von Talgdrüsen in der Haut vorhanden, aber nicht richtig entwickelt waren, und daß durch einen psychologischen Mechanismus die Entwicklung ausgelöst wurde. Das würde aber bedeuten, daß sich alles entwickeln kann, wofür in unseren Zellen eine keimhafte Anlage vorhanden ist – aber der Auslöser für eine derartig tiefgreifende Änderung muß natürlich auch entsprechend tiefgreifend sein.«

Dr. Mason hat noch eine andere Leistung vollbracht,

die in der Hypnoseliteratur zitiert wird. Er gab einer Patientin, die zwölf Jahre unter Heuschnupfen gelitten hatte, in Hypnose folgende Suggestionen: »In diesem Jahr werden Sie keine Schwierigkeiten mit dem Atmen haben, weder nachts noch tagsüber – in diesem Jahr werden ihre Augen nicht tränen, wird ihre Nase nicht verstopft sein, es wird sie um die Augen herum nicht mehr jucken, und sie werden keine Niesanfälle haben.« Diese Suggestionen wurden zehn Wochen lang, während der kritischen Zeit, täglich eine halbe Stunde lang wiederholt, und die Patientin war zum ersten Mal seit zwölf Jahren völlig frei von Heuschnupfensymptomen.

Die Hypnose – das ist wohl aus all diesen Beispielen deutlich geworden – ist ein sehr wirkungsvolles Instrument. Und wie alle wirkungsvollen Instrumente kann sie auch gefährlich sein, wenn sie von jemandem praktiziert wird, der sein Handwerk nicht versteht. Die Hypnose gehört auch nicht ins Varieté oder in den Zirkus – und man sollte auf jeden Fall vermeiden, damit herumzuspielen. Die Erfahrung, die Dr. Baumann machte, mag als Warnung dienen.

Die Hypnose ist natürlich auch kein Allheilmittel, und ob die Erfolge von Dauer sind, die damit erzielt werden, ist eine andere Frage. Aber es wird hier, wie bei jeder anderen Form von Behandlung auch, darauf ankommen, ob es gelingt, bis zu den Wurzeln der Krankheit vorzudringen und ihre eigentliche Ursache zu beseitigen.

Eines aber zeigen uns die zitierten Beispiele von Hypnosebehandlungen auf alle Fälle: daß nämlich der »Geist«, soweit es den eigenen Körper betrifft, durchaus über die »Materie« herrschen kann.

Was durch Hypnose erreicht wird – positive Beeinflussung des Körpers, Heilung von Krankheiten, Leistungssteigerung und ähnliches – ist auch durch Selbsthypnose, durch Selbstbeeinflussung oder Autosuggestion möglich. Der Psychologe Charles Baudouin meinte sogar: »Die Autosuggestion ist der Mustertyp jeder Suggestion. Zwischen Heterosuggestion (*das heißt: Suggestion durch einen anderen, wie zum Beispiel bei der Hypnose*) und Autosuggestion besteht kein grundsätzlicher Unterschied.«

Wir beeinflussen uns ständig selbst, durch alle möglichen Autosuggestionen – meist allerdings unwillkürlich und unbewußt und häufig leider auch in negativer Weise. Durch Befürchtungen, durch Vorurteile, durch destruktives Denken: das kann nicht gutgehen, das schaffe ich nie, das wird böse enden, und so weiter.

Gedanken sind wirkende Kräfte, und wir können uns viele Unannehmlichkeiten ersparen, wenn wir uns angewöhnen, die Möglichkeiten der Autosuggestion bewußt, gezielt und in positivem Sinne zu nutzen – und es gibt einige einfache Techniken, die uns dabei helfen können.

Literaturempfehlung Kapitel 5:

Hannes Lindemann: »Einfach Entspannen«
Charles Baudouin: »Suggestion und Autosuggestion«
Emil Coué: »Die Selbstbemeisterung«
Prentice Mulford: »Unfug des Lebens und des Sterbens«
Ernest Holmes: »Die Vollkommenheitslehre«
Ostrander/Schröder: »Leichter Lernen ohne Streß«

Kapitel 5
Immer besser und besser ...
Autosuggestion als Lebenshilfe

Schwere, Wärme & Trance: Dr. Schultz und das Autogene Training / Dr. Lindemann: im Faltboot über den Atlantik / Immer besser und besser: die Formeln des Emil Coué / Lozanovs Suggestopädie: Lernen wie im Schlaf.

In der Zeit vor dem Ersten Weltkrieg hatte der deutsche Nervenarzt Dr. Johann Heinrich Schultz viel mit Hypnose gearbeitet, und seine Patienten berichteten übereinstimmend, daß sie während der Hypnose ein Gefühl von Schwere und Wärme in Leib und Gliedern empfanden.

Dr. Schultz stellte dann die Überlegung an, ob man diesen Vorgang nicht umkehren, das heißt, durch die Vorstellung von Schwere und Wärme einen hypnotischen oder wenigstens hypnoseähnlichen Zustand erreichen könnte. Dieser Gedanke bestätigte sich, und Dr. Schultz entwickelte daraufhin eine Technik der »konzentrativen Selbstentspannung«, mit der er 1932 an die Öffentlichkeit trat. Er nannte diese Technik »Autogenes Training«.

Durch eine Reihe einfacher Befehle – mein rechter Arm ist schwer, mein linker Arm ist schwer, mein rechtes Bein ist schwer, mein linkes Bein ist schwer, mein rechter Arm ist warm ... und so weiter – sowie Konzentration auf die entsprechenden Körperteile wird eine tiefe Entspannung erreicht. Sie ist mit einem veränderten Bewußtseinszustand verbunden, der als leichte Trance bezeichnet werden kann. Das Unterbewußtsein ist in diesem Zustand offener als sonst und kann durch einfache, formelhafte Sätze beeinflußt werden, etwa: »Meine Kehle ist kühl und meine Brust ist warm«, zur Besserung von Husten oder

Asthma. Es wird allerdings empfohlen, mit solchen organspezifischen Formeln nur unter Anleitung von geschulten Therapeuten zu arbeiten.

Daneben gibt es einfache und allgemein anwendbare Formeln, die die innere Einstellung verbessern, zum Beispiel: »Ich schaffe es«, »Ich bin Problemen gewachsen«, oder ähnliches. Wenn man die Grundstufe einmal beherrscht, kann man zur sogenannten Oberstufe des autogenen Trainings übergehen, in der meditative und kontemplative Übungen vermittelt werden. Man ruft bestimmte Farben, Landschaften oder Szenen vor das geistige Auge, stellt Fragen an das Unterbewußtsein, oder geht im Körper spazieren.

Kurse in autogenem Training werden von einzelnen Psychologen und Ärzten, von Volkshochschulen und vom Deutschen Roten Kreuz oder ähnlichen Institutionen veranstaltet.

Eines der eindrucksvollsten Beispiele für die Wirksamkeit des autogenen Trainings lieferte der deutsche Arzt Dr. Hannes Lindemann, der 1955 und 1956 den Atlantik überquerte – erst in einem afrikanischen Einbaum, dann im Faltboot.

»1952 hatte ich in Marokko einen französischen Kollegen kennengelernt«, erzählt Dr. Lindemann, »der vorgab, als ›freiwilliger Schiffbrüchiger‹ in einem Schlauchboot über den Atlantik segeln zu wollen. Und unter anderem propagierte er einen ganz gefährlichen Satz: Schiffbrüchige dürfen Seewasser trinken.«

Dr. Lindemann war davon überzeugt, daß diese Ansicht falsch sei, und um dies in einem Gegenexperiment zu beweisen, segelte er in einem Einbaum von 7,70 Meter Länge und 70 Zentimeter Breite von Portugal über die Kanarischen Inseln nach Haiti.

»Und dabei habe ich festgestellt, daß man kein Seewasser trinken kann, denn ich habe schon nach 24 Stunden geschwollene Füße bekommen, und nach weiteren 36

Stunden reichten die Schwellungen schon bis zu den Knien hin – durch das Salzwassertrinken.«

Er gab daraufhin das Seewassertrinken auf und beschränkte sich auf die mitgeführten Vorräte und aufgefangenes Regenwasser. Nach 65 Tagen erreichte er die Antilleninsel Saint Croix und segelte von dort die Westindischen Inseln entlang nach Haiti. Aber obwohl er das schwierige Unternehmen gemeistert hatte, war er nicht ganz zufrieden.

»Ich hatte mich physisch, technisch und navigatorisch sorgfältig vorbereitet – psychisch hingegen nicht. Dadurch war ich in eine äußerst gefahrvolle Krisensituation geraten, die auch unglücklich hätte enden können. Mir war bekannt, daß mehr Schiffbrüchige aus Panik, Angst und Verzweiflung ums Leben gekommen sind als durch körperliche Not, daß die Psyche im allgemeinen schneller aufgibt als der Körper. So fragte ich mich, wie man die Psyche beeinflussen oder sogar zur Mithilfe gewinnen kann – und da fiel mir das autogene Training ein.«

Dr. Lindemann beschloß, eine weitere Fahrt zu unternehmen, auf die er sich sechs Monate lang mit Hilfe des autogenen Trainings intensiv vorbereitete. Als Fahrzeug wählte er diesmal ein deutsches Serienfaltboot – 5,20 Meter lang, 87 Zentimeter breit. Er hatte schon zweimal versucht, und zwar 1949 und 1951, mit einem Faltboot über den Atlantik zu segeln. Beide Male fühlte er sich aber körperlich sehr unwohl und psychisch gereizt.

»Und dann bin ich auch umgekehrt«, so erzählt Dr. Lindemann, »weil ich einfach das Gefühl hatte, ich bin noch nicht reif dafür, irgend etwas stimmt nicht mit mir. Und auf diese neue Fahrt habe ich mich nun so vorbereitet, daß ich erst einmal mein Unbewußtes gefragt habe: Komme ich heil an? Also eine Frage an die tieferen seelischen Schichten. Und nach kurzer Zeit fühlte ich mich absolut sicher. Selbst wenn ich fünfmal, zehnmal kentern sollte, würde ich heil ankommen. Dieses Gefühl läßt sich nicht beschreiben – ich nannte es ein ›kosmisches Sicherheitsgefühl‹. Es hat auch nicht getrogen. Ich bin zweimal gekentert und war eigentlich während der ganzen Fahrt sicher, daß ich die Karibischen Inseln erreichen werde.«

Dr. Lindemann hatte für jeden Tag etwa 800 Kubikzentimeter Flüssigkeit mitgenommen und war darauf angewiesen, Regenwasser aufzufangen. »Nun kann man sich ausrechnen, wieviel Regenwasser in diesen Breitengraden jeden Monat fällt, und es fiel mir auch gar nicht schwer, genügend Regenwasser aufzufangen«, erinnert sich Dr. Lindemann. An fester Nahrung hatte er pro Tag etwa 900 Kalorien zur Verfügung, und er ergänzte seinen Proviantvorrat, indem er Fische fing, die roh gegessen wurden. »Die habe ich mariniert, mit Salzwasser und mit Knoblauch, und dann schmeckten sie mir sogar ganz gut.«

Ein halbes Jahr vor der Fahrt hatte Dr. Lindemann begonnen, sich eine Reihe formelhafter Vorsätze zu geben, die er bei jeder Gelegenheit wiederholte, zum Beispiel: »Ich schaffe es«, »Nicht aufgeben« und »Kurs West«. Diese tief im Unterbewußtsein verankerten Vorsätze wirkten auch im Schlaf und weckten Dr. Lindemann in kritischen Situationen. »Und wie das gearbeitet hat, ist hochinteressant«, meint er. »Auf der einen Seite haben mir die Wellen lautmalerisch zugerufen: Kurs wescht, oder wessst – und das hat mich dann immer so ein bißchen aufgeweckt und ich habe den Kurs korrigiert. Das Erstaunlichste bei dieser ganzen Fahrt war sicherlich, daß man spüren konnte: Vorsätze kommen selbst durch Halluzinationen wieder hindurch. Ich habe einmal halluziniert, ich sah einen Afrikaner neben mir und fragte ihn: ›Wohin geht die Fahrt?‹ ›Nach dem Westen‹, sagte er. Und das rührte natürlich her von diesem Vorsatz: Kurs West.«

Außerdem praktizierte Dr. Lindemann während der Fahrt die Wärmeübung, um die Durchblutung von Gesäß und Beinen zu verbessern. Tatsächlich bekam er dadurch auch weder Sitz- noch Salzwassergeschwüre, die sonst durch Bewegungsmangel und ständiges Sitzen unter derartigen Umständen schon nach viel kürzerer Zeit auftreten.

Nach 72 Tagen endlich landete Dr. Lindemann auf der Karibikinsel Saint Martin. Müde und abgemagert zwar, aber wohlbehalten und gesund. Es dauerte allerdings eine Woche, bis er wieder richtig laufen konnte. Wer sich für weitere Einzelheiten über Lindemanns Atlantikabenteuer interessiert, dem sei sein Buch *Allein über den Ozean* empfohlen, in dem er seine Fahrt ausführlich schildert.

Dr. Lindemann hat inzwischen in Abwandlung des autogenen Trainings eine eigene Entspannungstechnik entwickelt, die er »Psychohygiene-Training« nennt. Ein wesentlicher Bestandteil dieser Technik ist eine besondere Form des Atmens, die aus spontaner Einatmung, verlängerter Ausatmung und einer Atempause besteht. Dabei tritt eine Beruhigung und Entspannung ein. »Bei langer Ausatmung ist man im Atem, bei umgekehrtem Atemrhythmus mit kurzer Aus- und langer Einatmung ist man außer Atem«, schreibt Lindemann, und verweist auf die traditionelle chinesische Medizin, in der die gesundheitsfördernde Wirkung des Atems schon seit Jahrtausenden anerkannt ist. »Nur der Kranke atmet mit der Lunge, der Gesunde atmet mit der großen Zehe«, sagt man in China.

Kurse im Psychohygiene-Training werden inzwischen übrigens auch vom Deutschen Roten Kreuz durchgeführt.

Was mich am meisten an der Fahrt von Dr. Lindemann beeindruckt hat, ist die Tatsache, daß solche Suggestionen in Form einfacher Vorsätze eine derart weitreichende Wirkung haben, wenn man sie entsprechend verinnerlicht. Und auch für uns, die wir nicht über den Atlantik segeln wollen, können solche Vorsätze eine große Hilfe sein – bei der Bewältigung alltäglicherer Probleme.

Dies erkannte zu Anfang unseres Jahrhunderts auch der

französische Philosoph und Apotheker Emil Coué. Gelegentlich baten ihn Kunden, ohne Anweisung des Arztes, für sie Medikamente anzufertigen. Da er die ärztliche Behandlung nicht stören wollte, gab er ihnen Scheinmedikamente, sogenannte »Placebos«, die keine wirksamen Substanzen enthielten. Nichtsdestoweniger trat in den meisten Fällen die erwartete Besserung ein, und Emil Coué lernte daraus, welch große Rolle der Glaube bei der Heilung von Krankheiten spielt.

»Jeder Gedanke, der unseren Geist ausschließlich beherrscht, wird für uns zur Wahrheit und drängt darauf, Wirklichkeit zu werden«, erkannte Emil Coué, und auch: »Bei einem Widerstreit zwischen Willen und Vorstellungskraft siegt immer die Vorstellungskraft.«

Aus diesen Überlegungen heraus entwickelte er eine Reihe von Suggestionsformeln, um die Glaubenskräfte des Menschen zur Entfaltung zu bringen. Zum Beispiel: »Es geht mir mit jedem Tag in jeder Hinsicht immer besser und besser.« Oder die Kurzformel für akute Beschwerden: »Das geht weg, weg, weg . . .«

Coués Erfolge, die ihn in ganz Europa berühmt machten, führten bald dazu, daß eine Reihe von Coué-Vereinigungen gegründet wurden – unter anderem auch in Deutschland und in der Schweiz. Während der Hitler-Zeit wurde die Coué-Bewegung im Einflußbereich des Nationalsozialismus unterdrückt. Erst nach dem Zweiten Weltkrieg bildeten sich wieder Coué-Vereinigungen, ausgehend von der Schweiz, wo die Coué-Bewegung lebendig geblieben war, in der Bundesrepublik und in Österreich. Die Gründung der österreichischen Coué-Vereinigung ging auf die Initiative von Emma Krakowitzer zurück, einer alten Dame, die sich bei einem Gespräch, das ich vor einiger Zeit in Linz mit ihr führte, sehr rüstig und lebhaft zeigte – trotz ihrer 87 Jahre.

»Ich wurde ja dreimal für unheilbar erklärt«, erzählt Emma Krakowitzer, » mit 36, mit 42 und mit 70. Und mit

36 und 42 habe ich mich selbst geheilt, durch unbewußte Autosuggestion.«

Beim dritten Mal, als sie durch einen Schock an Schüttellähmung erkrankt war, hatte sie bereits alle Hoffnung aufgegeben. Da machte sie eine Cousine auf Emil Coués Buch *Die Selbstmeisterung durch bewußte Autosuggestion* aufmerksam.

»Und ich hab das Buch bestellt«, erzählt Emma Krakowitzer, »hab's gelesen, die Einflüsterungsformel angewendet, und war sofort geheilt – kein Zittern mehr, gar nichts. Und dann war ich so begeistert von der ganzen Sache, daß ich mir gedacht habe: das müßten eigentlich alle Menschen wissen, daß man mit einer so einfachen Sache sich selber heilen kann – von so einer schweren Krankheit, daß man direkt am Rand der Verzweiflung war.«

Emma Krakowitzer hat 1970 die Gründung der österreichischen Coué-Vereinigung angeregt, sie hat unzählige Vorträge gehalten und einer großen Zahl von Menschen die Coué-Methode vermittelt. In einem ihrer Vorträge, aus dem sie uns ein Stück vorgelesen hat, zitiert sie dafür ein Beispiel:

»Ich sollte einer jungen Mutter, die ihren Mann bei einem Arbeitsunfall verloren hat, mit der Coué-Methode helfen, denn diese Frau hatte allen Lebensmut verloren. Also Mut machen mußte ich dieser jungen Witwe mit den beiden Kindern. ›Mut‹ reimt sich auf ›gut‹. Fehlen noch ein paar Worte. Gesundheit und Glück – das paßt. So reimte ich das kleine Sprücherl: ›Wir haben Glück, wir haben Mut, wir sind gesund, es geht uns gut.‹ Neben der Anwendung der Coué-Methode morgens und abends habe ich der jungen Witwe angeraten, beim Auftauchen von trüben Gedanken tagsüber, bei Mutlosigkeit oder auch anderen Schwierigkeiten, soll sie rasch diese negativen Gedanken mit dem obigen Sprücherl vertreiben. Daß ich auch dieser unglücklichen Mutter mit den beiden

Kindern helfen konnte, ist einer der schönsten Erfolge, die ich bei der Coué-Methode erleben durfte.

Gerade dieser Fall zeigt so richtig, wie die weder Zeit noch Geld in Anspruch nehmende Coué-Methode wirkt: mit wenigen einfachen Worten, die wie ein gutgezielter Pfeil ins Schwarze treffen, erreicht man spielend die Befreiung von drückenden seelischen Lasten genauso wie die Befreiung von auch angeblich unheilbaren Krankheiten. Jedem ungläubigen Thomas, der nicht glauben kann oder will, daß man sich mit so wenigen einfachen Worten sein Leben schöner, gesünder und glücklicher gestalten kann, möchte ich zu Bedenken geben, daß man ja auch von wenigen kränkenden Worten, die uns lieblose Menschen ins Gesicht schleudern, krank und unglücklich werden kann. Aber auch die gewohnheitsmäßigen Aussprüche der Pessimisten, wie zum Beispiel: ›Ich bin ein Pechvogel, bei mir nützt überhaupt nichts, mir kann kein Mensch mehr helfen, denn mich freut das ganze Leben nicht mehr‹, machen ihr Leben zu dem, was sie sich mit diesen Worten einreden. Diese Pessimisten beweisen uns dann an Hand einer Kette von Mißerfolgen, daß sie eben Pechvögel sind, denen wirklich nicht geholfen werden kann. Der Coué-Freund, der seine optimistische Einflüsterungsformel genauso gewohnheitsmäßig hersagt wie der Pessimist seine negativen Aussagen, kann demgegenüber an Hand einer Kette von Erfolgen beweisen, daß er in allen seinen Unternehmungen Glück hat. Mit Hilfe der Coué-Methode ist es unzähligen Pessimisten gelungen, glückliche Erfolgsmenschen zu werden.«

Es ist schon erstaunlich, daß solche einfachen Suggestionen eine derartige Wirkung haben können. Können – wohlgemerkt, nicht müssen. Und sie wirken um so besser, je öfter man sie wiederholt und je entspannter man dabei ist. Emil Coué empfahl deshalb, eine Knotenschnur zu verwenden. Ein einfacher Bindfaden, in den man etwa zwanzig Knoten geknüpft hat, genügt. Bei Gelegenheit setzt man sich entspannt hin, läßt die Knotenschnur durch die Finger gleiten und wiederholt bei jedem Knoten die Formel: »Es geht mir mit jedem Tag in jeder Hinsicht immer besser und besser. Es geht mir mit jedem Tag in jeder Hinsicht immer besser und besser. Es geht mir mit jedem Tag . . .« und so weiter. Das litaneiartige »Herunterbeten« der Formel vertieft die Entspannung und führt gewöhnlich zu einer leichten Trance, die das Unterbewußtsein öffnet und die Suggestionen besser eindringen läßt.

Die durch solche Übungen erreichte Trance ist gewöhnlich weniger tief, als die durch Hypnose erzielte, aber dies wird durch die häufigere Wiederholung offenbar ausgeglichen, so daß hier ebensolche Erfolge erzielt werden können wie mit Hilfe von Hypnose. Der Psychologe Charles Baudouin war sogar der Meinung, daß eine in Hypnose gegebene Suggestion nur dann eine dauerhafte Wirkung hat, wenn sie zu einer festverankerten, anhaltenden Autosuggestion wird. In seinem Buch *Suggestion und Autosuggestion* vertritt er unter anderem die These, »daß die Autosuggestion in Wahrheit der Mustertyp jeder Suggestion ist; die hypnotische Heterosuggestion ist nur ihr oft abgeschwächtes, minder widerstandsfähiges, minder beständiges Abbild«. Und er schreibt weiter: »Dr. A. Forel ist der Auffassung, daß durch Heterosuggestion nur in zwei Fällen dauernde Heilung erreicht werden kann: wenn kein Grund für das Wiedererscheinen der materiellen Ursache der Beschwerden vorliegt oder wenn die Fremdsuggestion beim Patienten zur Gewohnheit und Autosuggestion wird. Man sieht: Forel ist nicht sehr weit von unserer Theorie der Suggestion entfernt.«

Man kann bei Autosuggestionen ganz unterschiedliche, speziell auf die eigenen Bedürfnisse zugeschnittene Formulierungen verwenden – wichtig ist nur, daß man auf jeden Fall negative Suggestionen vermeidet. Und nicht nur sich selbst, sondern auch anderen Menschen, vor allem Kindern gegenüber. Dies hat Emil Coué immer wieder betont. Er schrieb zum Beispiel: »Unter keinen Umständen darf man einem Kinde sagen, du bist ein fauler Schlingel, ein Nichtsnutz und so weiter, weil dies gerade erst die dauernden Charakterfehler schafft, die man ihm vorwirft.«

Für das Kind sind die Erwachsenen Riesen, denen sie hilflos ausgeliefert sind, machtvolle Wesen, die Befehle erteilen, die man befolgen muß, wenn man nicht bestraft werden will.

»Du warst ohne Mütze im Regen, du wirst dich erkälten«, sagt die Mutter. Wenn das Kind dies als Befehl versteht und gehorcht, bleibt ihm gar nichts anderes übrig, als krank zu werden. Das Kind ist klein und muß zum Erwachsenen aufschauen. Wenn man aber die Augen schräg nach oben richtet, gerät man leicht in jenen veränderten Bewußtseinszustand, der auch für die Hypnose charakteristisch ist: in Trance. Wenn der Erwachsene dann dem Kind mit der geballten Kraft seiner Autorität etwas sagt, kann dies wie ein hypnotischer Befehl wirken – auch wenn es sich dabei um vergleichsweise belanglose Bemerkungen handelt, wie zum Beispiel: »Dafür bist du zu klein«, »Das kannst du nicht«, »Dafür bist du zu dumm«, »Wenn du so weitermachst, bleibst du sitzen«, »Mit dem Zeugnis kriegst du nie eine Lehrstelle« und so weiter.

Solche »Befehle« vergißt man mit der Zeit, aber sie verlieren dadurch nicht ihre Wirksamkeit. Das Unbewußte hält sie fest, und sie behindern uns, ohne daß wir uns dessen bewußt werden. Es ist sicher nicht verkehrt, wenn man – und sei es auch nur auf Verdacht – positive Vorsätze dagegenstellt. Zum Beispiel: »Ich schaffe es«, »Ich bin Problemen gewachsen«, »Ich überwinde Widerstände«, »Ich finde meinen Traumberuf« und so weiter.

Auch wenn wir Probleme haben, wenn wir in Schwierigkeiten sind, wenn wir vielleicht uns umorientieren, unser Leben neu ordnen und die Zukunft sich vor uns auftürmt wie eine Mauer, dann können solche Vorsätze hilfreich sein. Durch positive Suggestionen wird das Hindernis an sich nicht kleiner – aber wir selbst werden größer durch positive Suggestionen – und das kommt auf das gleiche heraus.

Jedes Hindernis ist relativ. Eine kleine Mauer kann für eine Maus unüberwindlich sein – ein Elefant wird sie nicht einmal bemerken. Das Hindernis bleibt das gleiche – es kommt nur darauf an, ob wir uns innerlich zu einer Maus machen oder zu einem Elefanten. Vernünftigerweise sollten wir also das Programm: »Ich bin eine Maus« streichen und an seine Stelle setzen: »Ich bin ein Elefant.« Wenn man sich das fünfzigmal am Tag vorsagt, wird sich nach einiger Zeit zwangsläufig eine Wirkung einstellen. Daß einem dabei ein Rüssel wächst, ist nicht zu befürchten.

Aber es sind nicht nur die Suggestionen anderer, die uns behindern – meist stellen wir uns, unbewußt und durch unüberlegtes Denken, selbst ein Bein. Ein Beispiel: Ich will meine Brille aufsetzen, aber sie liegt nicht da, wo sie eigentlich liegen müßte. Erster Gedanke: »Meine Brille ist weg.« Dies ist ein Befehl an das Unterbewußtsein, die Brille verschwinden zu lassen – und daß es Derartiges leisten kann, zeigen die vielen Fälle von »negativer Halluzination«, wo Menschen Dinge, die vorhanden sind, nicht mehr sehen. Ich suche also nun die Brille, sehe sie aber nicht, selbst wenn sie vor meiner Nase liegt, denn jede Wahrnehmung, die Brille betreffend, wird vom Unterbewußtsein unterdrückt – gemäß dem Befehl: »Die Brille ist weg.«

Zweiter Gedanke: »Ich kann meine Brille nicht finden.« Ein weiterer Befehl an das Unterbewußtsein, jede Information zu blockieren, die mich die Brille finden ließe und mich statt dessen überall dorthin zu führen, wo die Brille nicht ist. Nach einer Weile gebe ich genervt die

Suche auf, setze mich wieder an den Schreibtisch und arbeite weiter. Das Unterbewußtsein sieht nun keine Veranlassung mehr, die Information, wo sich die Brille befindet, weiter zu unterdrücken. Und ganz zufällig, will sagen: unabsichtlich schaue ich nach einiger Zeit zur Fensterbank hinüber – und da liegt die Brille, an der ich mindestens dreimal dicht vorbeigegangen bin, ohne sie zu bemerken.

Wenn man sich diesen Vorgang einmal klargemacht hat, fällt es nicht schwer, eine bessere und unfehlbar hilfreiche Selbstprogrammierung zu entwerfen. Keinesfalls also denken: »Die Brille ist weg«, wenn die Brille weg ist! Statt dessen, erster Gedanke: »Die Brille ist da.« Zweiter Gedanke: »Ich werde sie finden.« Und dann überlasse ich es einfach meinem Unterbewußtsein, mich zu der Stelle zu führen, wo die Brille liegt. Eine ganz einfache und klare Angelegenheit. Ein paar Tage später versucht man, etwas Kleingedrucktes zu entziffern – und: »Jetzt ist schon wieder diese blöde Brille weg!«

Angewohnheiten sind etwas Gutes, weil sie uns erlauben, Dinge automatisch zu tun und damit Denkarbeit sparen. Aber das Gute hat auch seine Kehrseite. Und schlechte Angewohnheiten sind oft sehr anhänglich. Negatives und unkontrolliertes Denken gehören meist auch zu unseren schlechten Angewohnheiten (Wem sagst du das). Da hilft nur Disziplin und Übung (Zum Teufel mit Disziplin und Übung). Man lernt auch nicht an einem Tag Klavierspielen (Ich komm ganz gut mit meinem Walkman zurecht). Ja. Führen Sie manchmal auch solche Selbstgespräche? Aber Spaß beiseite – es gibt eine Wahrheit, die ist so banal, daß man sich fast scheut, sie auszusprechen: Von nichts kommt nichts.

Übung ist ein wichtiger Punkt, auch wenn es um Suggestionen geht. Und noch einmal: Suggestionen sollten in jedem Falle positiv formuliert werden, in Form von »Bejahungen«, da das Unterbewußtsein Verneinungen offenbar nicht richtig versteht. Wenn wir davon ausgehen, daß wir uns bei solchen Suggestionsvorgängen in einer leichten Trance befinden und dabei hauptsächlich die rechte Großhirnhemisphäre aktiv ist, die bildhaft denkt, wird auch klar, warum: Verneinungen lassen sich in Bildern nur sehr schwer ausdrücken. Wie kann ich mir zum Beispiel bildhaft vorstellen, daß ich die Treppe *nicht* herunterfalle? Doch nur, indem ich sehe, wie ich ruhig und sicher die Treppe hinabschreite – indem ich also positiv das gewünschte Ergebnis sehe und nicht negativ das Ungewünschte.

In Amerika hat sich seit geraumer Zeit eine eigene Richtung des »positiven Denkens« herausgebildet, die auch bei uns etliche Anhänger gefunden hat. Ausgehend von Philosophen des 19. Jahrhunderts, wie Emerson, Mulford oder Trine, führt sie über Ernest Holmes zu Dr. Joseph Murphy und Norman Vincent Peale.

Durch »Bejahungen« und »positives Denken« wurde zum Teil Erstaunliches erreicht – aber nicht alle, die es versuchten, hatten damit Erfolg. Ein Grund dafür könnte darin liegen, daß man Dinge zu erreichen versucht hat, die dem eigenen Wesen widersprechen. Auch mit Suggestionen kann man nicht werden, was man nicht ist, man kann bestenfalls das, was in einem angelegt, aber bislang noch unterdrückt war, zur Entfaltung bringen. Dem Frosch, der bei Wilhelm Busch auf einen Baum gekrochen ist und »schon glaubt, daß er ein Vogel wär«, werden auch durch ein noch so positives Denken keine Flügel wachsen. Aber es ist auch nicht der Sinn seines Lebens zu fliegen – sonst wäre er ein Vogel geworden. Der Mensch allerdings ist alles mögliche, und vieles auf einmal – und man sieht es ihm oft nicht an, ob er ein Frosch ist oder ein Vogel. Da hilft nur die alte Weisheit: »Erkenne dich selbst.« Und im Zweifelsfall muß man es eben einfach einmal ausprobieren und springen. Auch Abstürze können die Entwicklung fördern.

Ein anderer Grund für Mißerfolge könnte darin liegen, daß bestimmte Prinzipien nicht beachtet wurden, die der Psychologe Charles Baudouin die »Gesetze der Suggestion« nannte. Darunter versteht er unter anderem:

1. Das Gesetz der angespannten Aufmerksamkeit: Um eine Suggestion zu bestimmen, muß der Gedanke Gegenstand einer alles andere ausschließenden oder konzentrierten Aufmerksamkeit sein.

James Braid, dem die Hypnose ihren Namen verdankt, sprach in diesem Zusammenhang von »Monoideismus«, das heißt, man darf nur von einem einzigen Gedanken, einer einzigen Vorstellung erfüllt sein. Nicht umsonst wird im Yoga beispielsweise oder im Zen, in allen geistigen Lehren oder Bewußtseinskontrolltechniken, soviel Wert auf die Schulung von Konzentration und Aufmerksamkeit gelegt. Außerdem ist es wichtig, daß vor allem keine entgegengesetzten Gedanken auftreten, indem zum Beispiel Bewußtsein und Unterbewußtsein verschiedene Ziele haben, oder daß man sich einerseits etwas wünscht, andererseits aber befürchtet, es nicht zu bekommen. Orison Sweet Marden drückte es so aus: »Wenn man das Streben hat, reich zu werden, und dabei doch fürchtet, arm zu bleiben, wenn man beständig an seiner Fähigkeit zweifelt, das Gewünschte zu verwirklichen, so heißt dies, die Hoffnung hegen, man würde nach Osten gelangen, wenn man nach Westen reist.«

2. Das Gesetz der umgewandelten Anstrengung: Wenn ein Gedanke eine Suggestion ausgelöst hat, führen alle bewußten Anstrengungen des Trägers der Suggestion, gegen diese anzukämpfen, solange dieser Gedanke den Geist beherrscht, nur dazu, sie zu fördern.

Als Beispiele können der Radfahrer dienen, der um so sicherer auf das Hindernis aufprallt, je mehr er sich bemüht, ihm auszuweichen, oder der Fernsehmoderator, dessen Lampenfieber um so schlimmer wird, je mehr er dagegen ankämpft. Oder: ich finde meine Brille um so sicherer nicht, je dringender ich sie brauche und je mehr ich mich anstrenge, sie zu finden. Hier hilft nur: Anstrengung vermeiden, entspannen und »umprogrammieren«. Aber je mehr man sich bemüht, Entspannung zu erreichen, desto mehr verkrampft man sich unter Umständen – auch eine Konsequenz dieses Gesetzes. Hier kann die sogenannte »progressive Muskelrelaxation« nach Jacobsen hilfreich sein. Sie besteht darin, daß man zuerst die Muskeln anspannt, so fest es geht – und dann losläßt. Man nimmt sich einzelne Muskeln oder Muskelgruppen nacheinander vor, atmet ein, spannt an, läßt im Ausatmen los und spürt dem Gefühl der Entspannung nach. Man sollte dabei auch die Gesichtsmuskeln nicht vergessen.

3. Das Gesetz der mitwirkenden Erregung: Die meisten Aussichten auf suggestive Verwirklichung eines Gedankens liegen vor, wenn eine Erregung diesen Gedanken begleitet.

Hierin findet sich auch eine Erklärung dafür, warum Freude oder Furcht, Begeisterung oder Abscheu in allen Lebensbereichen eine derart beflügelnde oder lähmende, hemmende oder fördernde Wirkung haben. Und Furcht vor allem verbindet sich sehr häufig mit unbewußten Suggestionen: »Denn was ich gefürchtet habe, ist über mich gekommen, und was ich sorgte, hat mich getroffen«, rief der von Not und Krankheit geplagte Hiob aus. Und Emil Coué sagte: »Eine Krankheit befürchten, heißt: sie verursachen.« Ebenso in diesen Zusammenhang gehört die Erfahrung, daß eine feste Überzeugung oder ein unerschütterlicher Glaube helfen, Dinge zu erreichen, die man wünscht – während Unglaube und Zweifel dabei so hinderlich sind. »Alles, worum ihr bittet, werdet im Gebet – so ihr glaubet, werdet ihr's empfangen«, sagte Jesus von Nazareth. Paracelsus, der große Arzt und Alchemist der Lutherzeit, meinte: »Jeder Zweifel bricht das Werk.« Und im vierten Gesang der Bhagavadgita ist zu lesen: »Wer unwissend und glaubenslos dem Zweifel nachgibt, geht zugrund; nicht diese, noch auch jene Welt, noch Glück ist je des Zweiflers Teil.«

Wenn man sich entspannt und in freudiger Erwartung auf *eine* Sache konzentriert, von der man das Gefühl hat, daß sie richtig und nützlich ist und daß sie gelingen wird – dann hat man, diesen drei Prinzipien entsprechend, die größte Aussicht auf Erfolg. Und umgekehrt: wenn man lustlos, verkrampft und unkonzentriert an eine Aufgabe herangeht, deren Richtigkeit und Nützlichkeit man bezweifelt und der man sich vielleicht auch nicht gewachsen fühlt, dann hat man die größte Aussicht auf einen Mißerfolg.

Baudouin zählt noch weitere »Gesetze der Suggestion« auf, darunter:

Das Gesetz des Beispiels: Die Suggestion wird durch das Beispiel der gleichen, bei einem Dritten verwirklichten Suggestion verstärkt und

Das Gesetz der Übung: Die Suggestion wird durch die Übung erleichtert.

Wenn man diese Prinzipien beherzigt, sollte man eigentlich in der Lage sein, mit Suggestion und Autosuggestion richtig umzugehen, Probleme zu lösen und das Leben zu meistern.

Das häufigste Hindernis im Leben des Menschen ist vermutlich die Angst – vor wem oder was auch immer. Angst verursacht Streß, und Streß macht dumm, blockiert unser Denken und hindert uns zum Beispiel daran, gelerntes Wissen wiederzugeben oder neues Wissen aufzunehmen. Der Lehrer erklärt auf komplizierte und unanschauliche Weise einen Sachverhalt, und der Schüler versteht nur Bahnhof.

Unser Wort »Schule«, bei dessen Nennung es uns gelegentlich auch nach langer Zeit oft noch ein wenig kalt den Rücken herunterläuft, kommt von dem griechischen Wort »scholae« – das bedeutet soviel wie »Muße«, und Muße bedeutet: Entspannung. Daß man in entspanntem

Zustand besser und schneller lernt, ist durch eine Reihe von wissenschaftlichen Untersuchungen bestätigt worden. Ebenso wie die Feststellung, daß Verkrampfung und Streß zu Denk- und Lernblockaden führen. Trotzdem wird in unserem herkömmlichen Schulsystem immer noch eher Streß produziert als verhindert.

Daß es auch anders geht, zeigt eine Lehrmethode, die der bulgarische Arzt und Psychiater Georgi Lozanov entwickelte: die »Suggestopädie« – Lernen mit Hilfe von Suggestionen, gelegentlich auch als »Superlearning« oder »Lozanov-Learning« bezeichnet. Lozanov beschäftigte sich mit indischen Yogis, die durch spezielle Konzentrations- und Atemübungen eine Art fotografisches Supergedächtnis entwickelt haben, er untersuchte parapsychologische Phänomene, wie Telepathie oder Hellsehen, er studierte Hypnosetechniken und die Forschungsarbeiten des kanadischen Neurologen Wilder Penfield, die beweisen, daß das Unterbewußtsein ungeheuer viele Erinnerungen aufbewahrt, die der bewußte Verstand längst vergessen hat.

Das Unterbewußtsein enthält unzählige Reichtümer – dies spiegelt sich auch in vielen Märchenmotiven wider – man muß nur den Zugang zu ihnen finden. Um das zu erreichen, kombinierte Lozanov Elemente aus vielen verschiedenen Gebieten: Yoga, Hypnose, autogenes Training, Psychodrama, um nur einige zu nennen. »Die Suggestopädie«, so Lozanov, »ist wirklich nichts Neues. Das Neue daran ist die Anwendung.«

Man kann auf suggestopädische Weise alle möglichen Lerninhalte vermitteln – es gibt Sprachkurse, Computerkurse, Kurse im technischen und kaufmännischen Bereich – entscheidend ist, daß der Unterricht immer auf dem gleichen Schema aufgebaut wird, dem »Suggestopädischen Kreis«. Er beginnt mit der »Dekodierung«, einer Einstimmung, in der spielerisch Hemmungen abgebaut werden. Dann folgt das »Aktivkonzert«, in dem die Teilnehmer mit Musikbegleitung den Lernstoff laut lesen. Im

»Passivkonzert« liest dann der Lehrer noch einmal den gleichen Text, während die Teilnehmer entspannt in Liegestühlen liegen und klassische Musik hören. Durch das ruhige Liegen und die langsame Musik entsteht ein Zustand leichter Trance, in dem die ungeheuren Speicherkapazitäten des Unterbewußtseins aktiviert werden. Es leuchtet ein, daß bei dieser Methode besonders sorgfältig auf die Lerninhalte geachtet werden muß – denn bei einem ideologisch motivierten Unterricht wäre ein Mißbrauch nicht auszuschließen. Allerdings ist bislang kein Fall bekannt, wo dies versucht wurde.

An das »Passivkonzert« schließt sich die sogenannte »Elaborationsphase« an, in der der Lernstoff durch Aktionen und Spiele umgesetzt und vertieft wird. Hierbei gibt es – auch das ist ein Grundsatz der Suggestopädie – nur Lob, aber keine Kritik. Fehler werden indirekt korrigiert. Absicht dieser Aktionen und Spiele ist es, möglichst alle Sinne der Teilnehmer anzusprechen, denn dadurch werden die Lerninhalte besser aufgenommen und gründlicher behalten. Man lernt nicht nur mit dem Kopf, sondern mit dem ganzen Körper, man faßt die Dinge an – und was man anfaßt, kann man besser begreifen.

Der Erfolg dieser spielerischen und ganzheitlichen Lernmethode hat die Kritiker überrascht, aber auch mißtrauisch gemacht. Lozanov meinte nichtsdestoweniger: »Die Suggestopädie kann eine Revolution für das Unterrichtswesen bedeuten, wenn die Menschen erst einmal die Vorurteile überwunden haben, daß Lernen etwas Unangenehmes sei, daß sie morgen vergessen haben, was sie heute lernen, und daß die Lernfähigkeit mit dem Alter abnimmt. Pädagogik ist das Wichtigste auf der Welt. Das ganze Leben ist Lernen – nicht nur in der Schule.«

Und die Suggestopädie ist auf dem Vormarsch – zumindest im Bereich der Erwachsenenbildung. Große Firmen, wie Bosch, Zeiss oder Siemens, Audi, IBM oder COOP, schicken ihre Mitarbeiter in den Suggestopädieunterricht. Die Zahl der Teilnehmer hat sich in der Bundesrepublik binnen kurzer Zeit verdoppelt, und die Stiftung Warentest überprüfte die Anbieter von Suggestopädiekursen. Und dabei fand man natürlich auch einige »schwarze Schafe«.

Im offiziellen deutschen Schulunterricht tut sich aber diesbezüglich noch nicht viel. Anders dagegen ist es in Liechtenstein. Das kleine Fürstentum am Rande der Schweiz, sonst eher als Steueroase bekannt, hat hier eine Vorreiterrolle übernommen. Auf Initiative des Rechtsanwalts Dr. Peter Ritter wurde 1985 das »Institut für Suggestopädie« ins Leben gerufen. Im gleichen Jahr begann ein Pilotversuch für das zehnte Schuljahr, das sogenannte »Werkjahr«, an einer Oberschule in Vaduz. Der Versuch, der ursprünglich auf eine Dauer von fünf Wochen angesetzt war, fand soviel Anklang, daß er ausgedehnt und erweitert wurde. Dr. Ritter, der Initiator des Schulversuchs, sagte dazu 1988 in einem Rundfunkinterview:

»Der größte Erfolg war, daß wir in dieser Oberschule keine Schulschwänzer hatten, die ganzen fünf Wochen über, und daß die Schüler erstmals begeistert in die Schule gegangen sind. Das hat unsere Behörden einigermaßen interessiert, und wir sind seit eineinhalb Jahren dabei, hier in Liechtenstein einen Schulversuch zu planen, in dem wir die ganz normale Volksschule, die Oberschule und die Realschule auf einen suggestopädisch orientierten Unterricht umstellen wollen.«

Auch an anderen Orten gibt es Ansätze, das herkömmliche Schulsystem durch neue Initiativen zumindest zu ergänzen, und vielleicht werden ja auch bei uns eines Tages solch rosige Schulzeiten anbrechen. Solange das entspannte Lernen aber noch nicht in unsere offiziellen Lehrpläne vorgedrungen ist, bleibt nichts anderes übrig, als sich selbst gegen den Schulstreß zu wappnen – zum Beispiel durch Entspannungsübungen, positive Autosuggestionen, mentales Training und Bewußtseinskontrolle: Mind-Control.

Kapitel 6

Denk dich gesund . . .

Mentales Training als Mittel gegen Krankheit, Kummer und Leid

José Silvas Mind-Control: das Bewußtsein als Werkzeug / Mit der Vorstellungskraft Krebs bekämpfen: die Erkenntnisse der Psycho-Neuro-Immunologie / Die Simonton-Methode: vom ›Krankheitsgewinn‹ zum ›Inneren Helfer‹ / Zwanzig Seelen wohnen, ach, in meiner Brust: die multiple Persönlichkeit.

Die Zeiten, als Hochleistungssportler nur ihre Muskeln trainierten, sind vorbei. Heute wird das »mentale Training« ebenso ernst genommen. Der Ausdruck »mental« kommt vom lateinischen »mens«, einem Wort mit vielen Bedeutungen: Geist, Wille, Verstand, Erinnerung, Vorstellung, Absicht, Überlegung. Das englische Wort »mind« entspricht dem recht gut – im Deutschen gibt es kein einzelnes passendes Wort dafür. »Bewußtsein« kommt dem allenfalls nahe, man muß sich notfalls mit einer Aufzählung behelfen.

Es sind inzwischen etliche verschiedene Methoden des »mentalen Trainings« und reichlich Bücher darüber auf dem Markt. Die meisten dieser Methoden, die sich im wesentlichen oft nur durch ihren Namen unterscheiden, haben vom autogenen Training gelernt, und von »Silva-Mind-Control«, einer Technik der Entspannung und positiven Selbstkontrolle, die von José Silva, einem Amerikaner aus Laredo, Texas, entwickelt wurde. 1986 war er für einige Tage in Berlin, und ich hatte dort Gelegenheit ihn zu fragen, wie er auf diese Methode gekommen ist.

»Es begann damit«, erzählt José Silva, »daß ich eines Tages ein Gespräch mit einem Psychiater führte, weil ich wissen wollte, wofür solche Leute gebraucht werden. Ich hatte ihn bei der Arbeit beobachtet und fand, daß er viele törichte Fragen stellte. Nun, er sagte mir, daß er herausfinden wolle, ob sein Gesprächspartner vernünftige Antworten geben könnte und geistig voll da sei. Ich wollte wissen, wie der Psychiater dazu kam, sich für dieses Gebiet zu interessieren, und um das Ganze abzukürzen, nannte er mir den Titel eines Buches über die Geschichte der Psychiatrie und meinte, ich sollte das lesen. Das tat ich auch, und dabei erwachte in mir der Wunsch, Psychologie zu studieren. Ich war damals dreißig Jahre alt.

Mein eigentliches Arbeitsgebiet ist Elektronik, ich beschäftige mich damit seit meinem vierzehnten Lebensjahr. Ich begann also nun, sozusagen als Hobby, nebenbei Psychologie zu studieren. Eines Tages stieß ich auf die Hypnose – das interessierte mich und ich machte mich damit vertraut. Ich führte Hypnoanalysen und Altersregressionen durch und kam bis zu einem Punkt, wo ich eine Person durch Hypnose dazu bringen konnte, sich ohne Narkose einer Operation zu unterziehen.«

Durch seine Arbeit mit der Hypnose wurde José Silva zur Entwicklung der Mind-Control-Technik angeregt. Ähnlich wie der deutsche Arzt Johann Heinrich Schultz, der auf Grund seiner Hypnoseerfahrungen das autogene Training entwickelte.

Etwa fünf Millionen Menschen in aller Welt praktizieren heute Silva-Mind-Control. Die meisten von ihnen haben es in Kursen gelernt, die von einer Reihe von Ausbilderinnen und Ausbildern in verschiedenen Städten, auch in Deutschland, Österreich und der Schweiz, regelmäßig abgehalten werden. Der Grundkurs dauert vier Tage, und wer dabei den Eindruck bekommt, dies sei für ihn – oder sie – nicht das Richtige, kann abbrechen und bekommt seine Kursgebühr erstattet. Die Psychologin Maria Sorel, die solche Kurse leitet, meinte dazu: »Also das ist schon vorgekommen, denn ich glaube, wir sind mit der einzige Kurs auf der Welt, der die Möglichkeit gibt, wenn sich jemand unbefriedigt fühlt, auch am vierten

Tage noch sein Geld zurückzuverlangen. Aber ich habe jetzt über zweihundert Kurse geleitet – und in dieser ganzen Zeit ist es nur dreimal vorgekommen.«

Wer den Grundkurs einmal mitgemacht hat, kann ihn kostenlos wiederholen, wie oft und wo auch immer. Und das ist nach Meinung vieler Teilnehmer sinnvoll: »Wenn man das, was der Kurs vermittelt, wirklich nutzen will, muß man ihn wiederholen«, sagte mir ein junger Mann. »Ich selbst habe zwei, drei Grundkurse gebraucht, um das richtig umzusetzen. Die Erfolge steigern sich, wenn man's konsequent macht.«

Die Mind-Control-Technik kann dem Menschen helfen, mit sich selbst und seinen Problemen besser fertig zu werden und die erstaunlichen Möglichkeiten und Fähigkeiten seines Bewußtseins nicht nur zu entdecken, sondern auch besser zu nutzen. Voraussetzung ist allerdings, daß man übt und genug Geduld und Ausdauer aufbringt, an sich zu arbeiten. Ohne Übung lernen wir das Instrument unseres Geistes ebensowenig spielen wie eine Geige oder ein Klavier.

Neben dem Grundkurs gibt es noch verschiedene Oberstufenkurse, in denen man die Mind-Control-Techniken erweitern und vertiefen kann. Sie werden meist von Mind-Control-Lehrern aus den USA geleitet. Mit einem von ihnen, Gerald Seavy aus Boston, hatte ich vor einiger Zeit Gelegenheit zu sprechen, als er in Baden-Baden einen Kurs abhielt. Er erwähnte dabei, daß er heroinabhängig war und es mit Mind-Control geschafft hat, von der Droge wegzukommen.

»Nachdem ich mit Silva-Mind-Control vom Heroin losgekommen war«, erzählte Gerald Seavy, »habe ich einigen Krankenhäusern angeboten, daß ich den Patienten dort kostenlos diese Technik beibringen würde. Einige Ärzte gaben mir – sozusagen inoffiziell – zu verstehen, daß sie von der Regierung große Beträge für ihre Methadon-Programme bekommen, daß sie aber keinen Pfennig bekämen, wenn ich dort Silva-Mind-Control-Kurse gäbe. Und dies, neben anderen Gründen, veranlaßte sie, bei ihren herkömmlichen Programmen zu bleiben. Ich hatte also bis jetzt in den Kliniken keinen Erfolg – aber es waren zahlreiche Drogenabhängige in meinen Mind-Control-Kursen. Sie brauchten dafür keine Gebühr zu bezahlen, und viele haben es geschafft, von den Drogen wegzukommen – und auch wegzubleiben.«

Wesentlicher Bestandteil der Silva-Mind-Control sind körperliche Entspannung und bestimmte Zähltechniken, bei denen man mit geschlossenen Augen rückwärts zählt, ähnlich wie es der an Phantomschmerz leidende Taxifahrer Harold Librach tat, über den wir im zweiten Kapitel berichtet haben. Man kann sich außerdem dabei vorstellen, daß man auf einer Rolltreppe oder in einem Fahrstuhl abwärts fährt und die Zahlen auf der Anzeigetafel immer niedriger werden. Diese Techniken sollen dazu dienen, eine »tiefere und gesündere Bewußtseinsstufe« zu erreichen. Um aus diesem Zustand wieder zurückzukommen, benutzt man die Formel: »In einem Augenblick werde ich langsam bis fünf zählen; dann öffne ich die Augen, werde hellwach und fühle mich besser als zuvor. Eins – zwei – drei – ich bereite mich auf die Augenöffnung vor – vier – fünf – Augen offen – ich bin hellwach und fühle mich besser als zuvor.« Diese »tiefere und gesündere« Bewußtseinsstufe wird auch als »Grundstufe« bezeichnet, oder als »*Alpha*-Zustand« – weil das Gehirn dabei vorwiegend *Alpha*-Wellen, Wellen mit einer Frequenz von sieben bis vierzehn Hertz (Schwingungen pro Sekunde) aussendet.

Daß unser Gehirn ständig elektromagnetische Wellen produziert, entdeckte der deutsche Psychiater Hans Berger Ende der 20er Jahre. Diese Wellen, die er mit Hilfe eines sogenannten »Elektroenzephalographen« aufzeichnete, bewegen sich während eines 24-Stunden-Zyklus' zwischen etwa zwei und dreißig Hertz. Man unterscheidet dabei gewöhnlich vier Frequenzbereiche:

Delta-Wellen (0 bis 4 Hertz) kennzeichnen Tiefschlaf oder Bewußtlosigkeit.

Theta-Wellen (4 bis 7 Hertz) erscheinen im Schlaf, in tiefer Trance und gelegentlich auch in tiefer Meditation.

Alpha-Wellen (7 bis 14 Hertz) treten im Traumschlaf auf, im Zustand körperlicher Entspannung, bei leichter Trance, Tagträumen oder in der Meditation. Voraussetzung dabei ist, daß die Augen geschlossen sind. Dadurch wird die äußere Wahrnehmung herabgesetzt und die innere Aufmerksamkeit gesteigert. Sobald man die Augen öffnet, überwiegen wieder die

Beta-Wellen (über 14 Hertz), die für den Wachbewußtseinszustand, mit nach außen gerichteter Aktivität und Aufmerksamkeit, charakteristisch sind. Bei Aufregung und Streß ist ein Ansteigen der *Beta*-Frequenz zu beobachten.

Es gibt eine Reihe von Möglichkeiten, den *Alpha*-Zustand zu erreichen. Durch Rückkoppelung des eigenen Verhaltens mit einem Meßgerät beispielsweise, wie im Bio-Feedback, durch Suggestion von Schwere und Wärme, wie beim autogenen Training, durch entspanntes Sitzen und Konzentration auf den eigenen Atem, wie es in verschiedenen Meditationstechniken gelehrt wird, oder durch körperliche Entspannung und Abwärtszählen wie bei Silva-Mind-Control. Im Gegensatz zur Meditation, die ja eigentlich – im östlichen ebenso wie im westlichen Kulturkreis – als ein Weg zur Gotteserkenntnis und Erleuchtung angesehen wird, wird bei Mind-Control im *Alpha*-Zustand an der Bewältigung alltäglicher und irdischer Probleme gearbeitet. Im Gegensatz zum autogenen Training benutzt man dabei nicht formelhafte Vorsätze, sondern Visualisierungen – nicht Worte, sondern bildhafte Vorstellungen, die man auf einen »geistigen Bildschirm« projiziert. Wenn man abnehmen will, sieht man sich beispielsweise in Gedanken so schlank, wie man gerne sein möchte, erlebt, wie die alten Kleider wieder passen und wie man von Freunden und Bekannten bewundert wird.

Mit Hilfe solcher Visualisierungen kann man aber auch Krankheiten bekämpfen oder ihre Entstehung verhindern – indem man das körpereigene Abwehrsystem aktiviert. Viele Teilnehmerinnen und Teilnehmer an Mind-Control-Kursen haben dies bestätigt. José Silva allerdings sieht diese gesundheitlichen Vorteile in einem größeren Zusammenhang.

»Wir müssen uns darüber klarwerden«, so meint er, »daß wir diese besonderen Vorteile dadurch bekommen, daß wir uns in der Weise richtig verhalten, wie wir es als menschliche Wesen auf diesem Planeten tun sollten. Wenn man es von einer höheren Warte aus betrachtet, kommt man auf den Gedanken, daß wir auf die Erde geschickt wurden, um dem Schöpfer zu helfen, Probleme zu lösen – nicht aber, um Probleme zu schaffen. Daß wir versuchen sollten, diesen Planeten in ein Paradies zu verwandeln – und nicht in eine Hölle, indem wir ihn zerstören. Wir sind hier nur für eine kurze Zeit, und deshalb sollten wir diese Zeit nicht verschwenden. Die Jahre zählen wenig – und bevor man sich versieht, ist es Zeit zu gehen. Nun – was hast du getan? Hast du dazu beigetragen, die Lebensbedingungen hier zu verbessern, oder hast du dich darauf verlassen, daß es jemand anderer tut? Oder hast du vielleicht sogar zerstört, anstatt aufzubauen?

Wenn man sich solche Fragen stellt, dann beginnen sich die Gedanken in einer ganz bestimmten Weise zu ordnen. Dieser Planet erscheint einem dann wie ein riesiger Flughafen im Weltraum. Tausende kommen in jeder Stunde an, und Tausende reisen auch wieder ab, und so vollzieht sich ein vollständiger Wechsel in weniger als hundert Jahren. Und dann fragt man sich, wofür die Menschen kämpfen, warum sie von allem immer mehr wollen – obwohl sie doch hundert Jahre später gar nicht mehr da sind. Manche sagen: es ist für unsere Kinder – nun, die sind nach weiteren hundert Jahren auch nicht mehr da, sind durch andere Menschen ersetzt, ob sie es nun wollen oder nicht. Wir sollten begreifen, daß wir nur für eine kurze Zeit hier sind und daß es vielleicht später ist, als wir denken. Vielleicht sind wir morgen schon nicht mehr da. Es braucht ja nur den Bruchteil einer Sekunde, um von dieser Dimension in eine andere hinüberzuwechseln.«

Man kann José Silvas Philosophie zustimmen oder auch nicht. Unbestreitbar ist allerdings, daß seine Methode in der Praxis Erfolg hat. Dies haben inzwischen viele Ärzte bestätigt, unter anderem auch Dr. Dietrich Weller, der Mind-Control für sich und seine Patienten entdeckt hat. »Ich sehe«, so sagte er, »die Silva-Mind-Methode als eine fabelhafte und sehr natürliche Methode, wie jemand mit sich umgehen kann, mehr über sich erfahren kann, mehr Kontakt mit seinem Unterbewußtsein erhalten kann, und so eben sehr viel mehr Möglichkeiten hat, seine Intuition wirklich sehr bewußt zu spüren, mit der Intuition umzugehen und sie dann tatsächlich auch umzusetzen in den Alltag.«

Auch in den USA werden solche Visualisierungstechniken wie Silva-Mind-Control seit längerer Zeit bei der Behandlung von Krankheiten unterstützend angewendet – unter anderem sogar bei Krebs. Eine Patientin, die zum Beispiel eine Chemotherapie gegen Leberkrebs bekommt, macht gleichzeitig unter Anleitung einer Ärztin Entspannungs- und Visualisierungsübungen. Sie soll sich in Gedanken in ihren Körper hineinversetzen und sich bildhaft vorstellen, wie die Chemikalie gegen den Krebs vorgeht. Außerdem soll sie sich vorstellen, wie die weißen Blutkörperchen die kranken Zellen angreifen und der Krebs immer kleiner wird und schließlich verschwindet.

Dr. Kenneth R. Pelletier, Psychiatrieprofessor in San Francisco und Fachmann für psychosomatische Medizin, meinte dazu bereits Anfang der 80er Jahre: »Wenn der

Patient seine Aufmerksamkeit auf einen Tumor richtet, dann kann er dadurch das körpereigene Abwehrsystem dorthin lenken und so die Ausbreitung des Krebses verringern. Wir wissen noch nicht genau, wie dies vor sich geht, aber wir wissen, daß dabei die bildliche Vorstellung eine Rolle spielt sowie die Fähigkeit des Geistes, biologische Abläufe im Körper zu beeinflussen.«

Daß man Krebs mit Hilfe der Vorstellungskraft zum Verschwinden bringen kann, erscheint unglaublich – aber es paßt zu einigen neueren Theorien über die Entstehung von Krebs. Wenn sich eine Krebszelle in unserem Körper bildet, wird sie normalerweise vom Abwehrsystem erkannt und von den Abwehrzellen vernichtet. Nur wenn das Abwehrsystem nicht richtig funktioniert, kann sich ein Krebs ausbreiten. Es ist mittlerweile klar geworden, daß die Vorstellungskraft physiologische Abläufe in unserem Körper beeinflussen kann – und damit auch das Abwehrsystem. Ganz einfach gesagt: negative Vorstellungen schwächen das Abwehrsystem, positive Vorstellungen stärken es.

Als unsere Sendereihe im Januar 1985 zum ersten Mal ausgestrahlt wurde, klangen solche Äußerungen noch sehr nach Science-Fiction. Inzwischen sind sie durch wissenschaftliche Untersuchungen bestätigt worden. Und die Schlagzeilen in der Presse lauten beispielsweise:

Jetzt bewiesen: Auch mit Gefühlen kann man Viren töten, oder *Freude und Lust stärken, Furcht und Streß schwächen die Immunabwehr*, oder *Krankheit: Eine a-soziale Reaktion*.

Es gibt schon seit längerer Zeit Untersuchungen, aus denen klar hervorgeht, daß durch Streß das körpereigene Abwehrsystem lahmgelegt und dadurch die Entstehung von Krankheiten begünstigt wird. Dies hat einen guten Grund: die Streßreaktion ist die Antwort des Körpers auf eine Bedrohung von außen. Alle Leistungsreserven werden für Kampf oder Flucht mobilisiert, und es ist verständlich, daß die innere Abwehr dann zugunsten der äußeren Abwehr reduziert wird. Wenn es ums Überleben geht, hat der Körper Wichtigeres zu tun, als sich um die Bekämpfung von ein paar Schnupfen- oder Herpesviren zu kümmern. Dies ist eine vernünftige und normalerweise auch unproblematische Reaktion, denn sobald die Gefahr überstanden ist, werden die Systeme wieder umgestellt von äußerer auf innere Abwehr, und die körpereigene Gesundheitspolizei verfolgt nun wieder die Virenkriminalität beziehungsweise asoziale Chaotenzellen, die glauben, sich ohne Rücksicht auf das Gesamtsystem hemmungslos vermehren zu können. Problematisch wird dieser Vorgang erst dann, wenn sich zum Beispiel durch bestimmte Umstände ein Dauerstreß einstellt, der das Immunsystem für längere Zeit blockiert. Dies kann durch soziale und emotionale Belastungen, wie Verlust des Partners oder der beruflichen Stellung, ausgelöst werden. Allerdings reagieren hier nicht alle Menschen gleich, und wer gelernt hat, Streß abzubauen und mit schwierigen Situationen umzugehen, ist weniger gefährdet.

Leider reagiert der Körper nicht nur auf echte, sondern auch auf eingebildete Gefahren mit Streß. Er sieht keinen Unterschied darin, ob man tatsächlich von einem wilden Untier angegriffen wird, oder sich nur mit einem Leinwandhelden identifiziert, dem dieses Unglück in einem Filmabenteuer widerfährt. Auf der anderen Seite ist inzwischen auch erwiesen, daß positive Filme die Funktion des Immunsystems verbessern können. Der amerikanische Psychologe David McClelland hat zum Beispiel Studenten einen Film über Mutter Teresa gezeigt, die arme und kranke Menschen in Kalkutta betreut. Anschließend konnte er durch Messungen feststellen, daß sich das Immunsystem der Studenten in einem besseren Zustand befand als vorher.

Wenn schon die bloße Beobachtung einer selbstlosen Handlung eine gesundheitsfördernde Wirkung hat, dann sollte doch dies für die Handlung selbst in noch stärkerem

Maße gelten. Außerdem fördert, wie wir schon im zweiten Kapitel erwähnten, der Dienst am Nächsten die Endorphinproduktion und damit das Wohlbefinden. Wir haben also allen Grund, aus purer Eigennützigkeit anderen etwas Gutes zu tun.

Untersuchungen des Psychologen Howard Hall haben ferner ergeben, daß auch Visualisierungsübungen die Funktion des körpereigenen Abwehrsystems verbessern, und die Psychologin Janice Kiecolt-Glaser erreichte das gleiche Ergebnis mit Entspannungsübungen.

Wie diese Wirkungen zustande kommen, war bis vor kurzem noch umstritten. Inzwischen aber hat eine neue Forschungsrichtung, Psycho-Neuro-Immunologie genannt, weitgehend klären können, wie diese Vorgänge auf biochemischer Ebene ablaufen. Man fand heraus, daß das Immunsystem, wie eine moderne Armee mit verschiedenen Waffengattungen, aus einer ganzen Armada spezialisierter »Kampfzellen« und ihrer Logistik besteht. Der Oberbefehlshaber dieser Armee sitzt im Gehirn, im Limbischen System, dem »Gefühlszentrum« unseres Körpers. Es ist vermutlich der Hypothalamus, der, wie schon im vierten Kapitel erwähnt, mit Hilfe der Hypophyse durch chemische Botenstoffe das Immunsystem steuert. Und hier bestätigt sich heute, was die alten Weisen, die großen Religionsstifter, Mystikerinnen und Mystiker, was erleuchtete Menschen aller Kulturkreise schon seit Jahrtausenden immer wieder verkündet haben: der Geist beherrscht die Materie – zumindest, soweit es den eigenen Körper betrifft.

Gedanken sind wirkende Kräfte – im positiven wie im negativen Sinne. Schon Paracelsus, der große Arzt und Alchemist des 16. Jahrhunderts, sprach von Krankheiten, die aus der »Imagination«, aus der Einbildungs- oder Vorstellungskraft entstehen. Und so, wie man sich Krankheiten »einbilden« kann, kann man sie sich auch »ausbilden«.

Daß allein der Glaube bereits eine Heilwirkung hat, weiß auch die Schulmedizin – aus Erfahrungen mit dem sogenannten »Placebo-Effekt«. Der Patient bekommt dabei ein Scheinpräparat mit der Versicherung, es handle sich um ein hochwirksames Medikament, und die versprochene Besserung stellt sich ein – obwohl das Präparat keinerlei Wirkstoffe enthält. Daß der »Placebo-Effekt« auch bei Tieren nachzuweisen ist, zeigte 1985 der amerikanische Mikrobiologe Herbert Spector. Er ließ Versuchsmäuse Kampfer riechen und spritzte ihnen anschließend eine Chemikalie, von der bekannt ist, daß sie die Aktivität bestimmter körpereigener Abwehrstoffe steigert. Beim zehnten Versuch verzichtete man auf die Spritze und ließ die Mäuse nur noch Kampfer riechen: und auf das bloße Duftsignal hin steigerte sich die Aktivität des Immunsystems der Mäuse, auch ohne direkte chemische Anregung. *Der Spiegel* berichtete darüber in Heft 7/85 und kommentierte:

»Die jüngsten Vorstöße auf dem Gebiet der Neuroimmun-Modulation bestärken die Wissenschaftler in der Einschätzung, das Gehirn besitze Kommandogewalt nicht nur über Muskeln, Sinne und Verhalten, sondern über nahezu alle Körperfunktionen und deren Chemie. Von Mäusen und Menschen, die lernen können, Krankheit und deren Abwehr vom Kopf her zu steuern, hat sich die westliche Schulmedizin bisher nur wenig träumen lassen.

Daß ein Medizinmann ein Opfer allein dadurch zu Tode bringen kann, daß er es von seinem bevorstehenden Ende überzeugt – Fälle dieser Art sind reichlich dokumentiert. Staunend publizierte die US-Ärztezeitschrift *Jama* vor einigen Jahren die Krankengeschichte einer 28jährigen Frau, die an systematischem Lupus erythematodes, einer Autoimmunkrankheit mit schwerem Hautausschlag, jahrelang litt. Kein Medikament half. Erst als die Frau in ihr Heimatdorf auf den Philippinen zurückkehrte, wurde sie gesund: Der Medizinmann im Dorf vertrieb die ›bösen Geister‹ und nahm den ›Fluch‹ von ihr.«

Ob es »böse Geister« gibt, darüber kann man streiten. Aber sicher ist jedenfalls: Gedanken sind wirkende Kräfte. Und aus der Wirkung dieser Kräfte lassen sich auch all die Dinge zwischen Himmel und Erde erklären, die von manchen Menschen den »bösen Geistern« zugeschrieben werden. Die in den vorangegangenen Kapiteln geschilderten Fälle mögen als Beleg dafür dienen.

Es sind Menschen von Krankheiten geheilt worden, die als unheilbar galten und es sind Menschen an ganz harmlosen Krankheiten gestorben, weil sie davon überzeugt waren, sterben zu müssen.

Napoleon Bonaparte sagte: »Die Vorstellung regiert die Welt«, und berührte im Spital zu Jaffa die Pestbeulen seiner Soldaten, ohne sich anzustecken. Jahrzehnte später starb er, verbittert und vom Krebs zerfressen, in der Verbannung. Lag es daran, daß er seine Vorstellungskraft gegen sich selbst wendete? Oder ist es einfach so, daß Kriegführen krank macht? Wenn das Immunsystem durch die gute Tat gestärkt wird, wird es dann durch die schlechte Tat geschwächt? Es spricht einiges dafür – auch das Schicksal berühmter Kriegsherren, wie zum Beispiel Friedrichs des Großen oder Adolf Hitlers.

Sicher ist jedenfalls, das haben die zitierten und weitere hier nicht zitierte Untersuchungen ergeben, daß die Einstellung eines Menschen bei der Entstehung von Krankheiten eine wesentliche Rolle spielt. Der amerikanische Arzt Dr. Carl Simonton sagte 1990 in einem Interview:

»Ich glaube, daß Krankheit ein Feedback-System unseres Körpers ist. Sie signalisiert uns, daß wir uns verändern sollen. Ich glaube, daß wir, bevor wir krank werden, emotionalen Kummer erfahren. Aber die meisten von uns sind sich dessen nicht bewußt, und wir beachten ihn nicht.

Wenn wir also die ungesunden Dinge weiter tun, auf ungesunde Weise leben, dann ist das, was dem Kummer folgt, die körperliche Krankheit. Sie stoppt uns, und sie drängt uns dazu, uns zu verändern. Also sehe ich Krankheit als Feedback-System, das in unsere menschliche Existenz eingebaut ist; das uns hilft, mit den Dingen aufzuhören, die nicht gut für uns sind.«

Dr. Simonton stellte bereits Ende der 70er Jahre bei der Behandlung von Krebspatienten fest, daß bei gleicher Erkrankung und trotz gleicher Behandlung die Ergebnisse sehr unterschiedlich waren – je nach Einstellung des Patienten zum Leben und zu sich selbst. Dr. Simonton, der die Mind-Control-Technik kannte, entwickelte daraufhin eine Methode, die unter anderem auch mit Entspannung und Visualisierung arbeitet und die den Patienten zu einer positiven Lebenseinstellung verhelfen soll. In seinem Buch *Getting well again*, die deutsche Übersetzung heißt: *Wieder gesund werden*, beschreibt er diese Methode.

Es gibt inzwischen eine Reihe von Gruppen, die mit dem Simonton-Programm arbeiten, unter anderem in Berlin. Vor einiger Zeit traf ich bei den Bremer Gesundheitstagen ein Mitglied der Gruppe, den Sozialarbeiter Heinrich Schmidt, und befragte ihn über seine Erfahrungen.

»Meine Tätigkeit«, so erzählte er, »ist neben der üblichen Arbeit mit Betroffenen insbesondere die Arbeit in kleinen Gruppen mit krebskranken Frauen und Männern. Wir haben ein Konzept entwickelt nach dem Simonton-Programm, das wir sehr stark an dieses Programm angelehnt haben und in einer Zeitspanne von etwa sechs Monaten mit den Betroffenen durchlaufen. Die wesentlichen Punkte dabei, die wir zum Teil auch schon in früheren Programmen hatten, sind zum einen die Entspannungs- und Visualisierungsübungen, dann das Bewegungstraining, das sehr wichtig ist und für uns eigentlich auch neu war, dann das Gespräch, das natürlich immer Vorrang hat in der Gruppe, und inhaltliche Themen, die wir einfließen lassen. Zum Beispiel die Frage nach dem Krankheitsgewinn, die Frage nach dem inneren Ratgeber beziehungsweise der inneren Stimme oder die Frage nach dem Lebensziel, nach dem Sinn des Lebens. Das sind also inhaltliche Fragen, die wir mit den Betroffenen durcharbeiten, besprechen im Laufe dieses Programms.«

Dr. Simonton hatte einen Zusammenhang festgestellt zwischen dem Leben eines Menschen, seinem Verhalten sich selbst und anderen gegenüber und seiner Krankheit. Ob er das aus seinen Erfahrungen bestätigen könne, fragte ich Heinrich Schmidt.

»Das ist für uns eine ganz wichtige Erfahrung gewesen und sie ist es immer noch, daß jeder eigentlich weiß von dem Zusammenhang zwischen seinem Körper und seiner Krankheit und seiner Lebensgeschichte. Daß jeder genau beschreiben kann, was ihn zu dieser Krankheit geführt hat – welche Ereignisse im Leben. Und das ist schon eine Erfahrung für uns, die neu ist. Wir haben mit diesem Wissen eigentlich nicht gerechnet. Und wir erfahren immer mehr, daß der Betroffene ein sehr umfangreiches und tiefes Wissen hat über Dinge, die in ihm vorgehen.«

Der amerikanische Psychiater David Spiegel hat in einer Untersuchung, die sich über zehn Jahre erstreckte, festgestellt, daß krebskranke Frauen, die an solchen Gruppentherapien teilnahmen, doppelt so lange lebten wie andere, die nicht gruppentherapeutisch betreut wurden. Gegenseitige Hilfe und Anteilnahme, so Spiegels Schlußfolgerung, »können offensichtlich psychischen Streß verringern und das Immunsystem stärken«. Das konservative Wissenschaftsjournal *Science* bezeichnete Spiegels Studie als »ersten wissenschaftlich überzeugenden Nachweis einer Verlängerung in der Überlebenszeit durch Psychotherapie«.

Zwei Begriffe, die Heinrich Schmidt benutzte, bedürfen wohl einer zusätzlichen Erklärung. Der eine ist

»Krankheitsgewinn«. Gemeint ist damit, daß die Krankheit einem Patienten mehr einbringt als die Gesundheit. Zuwendung zum Beispiel oder zusätzliche Aufmerksamkeit, den Vorteil nicht arbeiten oder schwierige Entscheidungen nicht treffen zu müssen, den Partner fester an sich zu binden - oder aber auf Distanz zu halten. Dies alles liefert unbewußte Motive, an der Krankheit festzuhalten - und damit die Krankheit verschwinden kann, müssen erst diese Motive beseitigt werden. Der andere Begriff ist der des »inneren Ratgebers« oder »inneren Helfers«.

Bei Übungen mit dem autogenen Training in der Oberstufe, Silva-Mind-Control oder in tiefer Meditation kann man im Geiste Gestalten begegnen, die in einer Art Ratgeberfunktion auftreten und meist als »innere Helfer« bezeichnet werden. Die Gestalt des »inneren Helfers« ist der Menschheit seit Urzeiten bekannt und unter verschiedenen Namen in vielen Kulturen beschrieben worden. In der indischen Philosophie war es der »Purusha«, bei den alten Germanen »Fylgjur«, der unsichtbare Freund und Gefährte. Der griechische Philosoph Sokrates hörte auf seinen »Daimonion«, eine innere Stimme, von der er seinen Freunden erzählte: »Ihr habt mich oft und bei manchen Gelegenheiten sagen hören, etwas Göttliches lasse sich in mir vernehmen. Das begann bei mir schon in meinen Knabenjahren; und wenn diese Stimme sich vernehmen läßt, dann warnt sie mich stets vor dem, was zu tun ich im Begriffe bin.«

Paracelsus nannte den »inneren Helfer« einen »unfaßbar kundigen und unbegrenzt starken inneren Heilmeister«. Andere sprechen vom »geistigen Führer«, vom »Schutzengel«, vom »Gottesfunken« oder vom »höheren Selbst«. Der chinesische Philosoph Lao-Tse nannte diese Instanz »Gott im Menschen«, und der Psychotherapeut C. G. Jung sprach vom »inneren Gott«.

Dr. Eugen Jussek, ein deutscher Arzt, der heute in Kalifornien lebt, ist bei einer Hypnosetherapie im Unterbewußtsein eines Patienten auf einen solchen »inneren Helfer« gestoßen, hat mit ihm ausführliche Gespräche geführt – von denen der Patient später nichts wußte – und darüber ein Buch geschrieben: *Begegnung mit dem Weisen in uns.*

Ob diese Helferinstanz ein Teil unserer Persönlichkeit ist oder ein selbständiges Wesen, das von »außen« kommt, darüber gehen die Meinungen auseinander. Der »innere Helfer«, mit dem Dr. Jussek seine Gespräche führte, bezeichnete sich als eine unverkörperte Seele und eine Art geistigen Lehrer des Patienten. Sein letztes Erdendasein, so erzählte er, habe im 13. Jahrhundert in China stattgefunden.

Die Amerikanerin Chris Griscom, die in Neumexiko ein spirituelles Zentrum leitet, bezeichnete diese Instanz als »higher self«, als »höheres Selbst«, und meinte: »Das höhere Selbst ist der Teil des Bewußtseins, der als eine Brücke dienen kann zwischen unserer menschlichen Realität und jener göttlichen, unserem menschlichen Verstand unbegreiflichen Realität. Damit können wir hinausreichen über unser alltägliches Leben, um zu verstehen und zu erfahren, daß wir Teil eines großen göttlichen Plans sind, und daß unser Leben eine Bedeutung hat. Das höhere Selbst ist nicht eine Art Führer oder eine Person, sondern eine Energie. Es ist einfach die nicht an eine Form gebundene Seele, die sich auf unsere menschliche Verstandesebene herunterbegibt, um uns zu helfen, unsere Lebensaufgabe zu erfüllen, die wir uns durch unsere Geburt ausgesucht haben.«

Chris Griscom ist der Ansicht, daß jeder Mensch sich bemühen sollte, Zugang zu jener Bewußtseinsebene des höheren oder – wie sie gelegentlich auch sagt – »göttlichen Selbst« zu finden. Sie sieht darin unter anderem den Schlüssel zu einem glücklichen und erfüllten Leben: »Der Schlüssel liegt darin, das niedere Selbst, das Ego zu vergessen, so daß wir mit dem göttlichen Selbst verschmelzen können. Denn die spirituelle Seite unseres Wesens ist lange Zeit zu kurz gekommen. Aber das ist ein ursprünglicher Bestandteil von allem, was lebt. Alle Lebewesen sind spirituell. Alle Lebewesen können die leise Stimme ihrer Seele vernehmen. Alle Lebewesen haben einen Zweck.«

Aber was könnte das, beim Menschen zum Beispiel, für ein Zweck sein? Sicherlich sind wir, wie alle anderen Lebewesen auch, daraufhin angelegt, zu wachsen und uns zu unserem wahren Wesen zu entfalten. Und es ist ein einmaliges und individuelles Wesen, das wir auf dieser Ebene der Existenz durch Denken, Fühlen und Handeln zu verwirklichen haben. Andere können uns mit Rat und Tat zur Seite stehen, aber niemand kann uns diese Aufgabe abnehmen oder sie stellvertretend für uns erledigen. Viele Wege, so heißt es, führen nach Rom. Aber für mich führt nur der Weg nach Rom, den ich gehe. Ich komme weder dorthin, indem ich die Landkarte studiere, noch indem ich mir einrede oder einreden lasse, es wäre damit getan, daß ein anderer vorzeiten für mich diesen Weg gegangen ist. Niemand kann meinen Weg für mich gehen, niemand kann mein Leben für mich leben, außer mir selbst. Selbstentfaltung läßt sich nicht konsumieren, sie läßt sich nur realisieren.

Daher ist es auch nicht so entscheidend, auf welcher Ebene wir die Instanz des »inneren Helfers« einordnen – da sie sich in unserem Inneren äußert, gehört sie so oder so zu uns. Welchen Namen oder welche Zuordnung wir auch immer dafür wählen, soviel läßt sich immerhin sagen: wenn man einmal absieht von all den negativen Verhaltensprogrammen, die von Erziehungsberechtigten und anderen Institutionen in uns hineingebleut wurden, wenn man diesen ganzen Ballast, der unsere Bewegungsfähigkeit hemmt, einmal beiseite räumt – dann findet man darunter ein inneres Wesen, das viel mehr wir selbst sind als all die gesellschaftlichen Masken, die darüberliegen. Und im Innern dieses inneren Wesens gibt es eine innere

Instanz, die besser als alle anderen weiß, was für uns gut ist. Besser als die Eltern, besser als die Gesellschaft, besser auch als unser von Einflüsterungen unterschiedlichster Qualität verseuchter Oberflächenverstand, besser auch als irgendwelche sogenannten »Gurus«.

Viele unserer Märchen erzählen von Reisen in die innere Welt und von Begegnungen mit dieser Instanz, die sich dann oft als Tier oder Engel, als Zauberer oder gute Fee verkleidet. Und diese innere Instanz kann uns sagen, wo es langgeht – wenn wir den Umweltlärm und den Gedankenlärm einmal abschalten und ihr unser Gehör zuwenden. Soviel immerhin ist sicher – was außerdem noch darüber gesagt wird, sind Denkmodelle, Konzepte oder Erklärungsversuche, deren Richtigkeit sich nicht beweisen läßt.

Eine Reihe von Psychologen vertritt heute die Ansicht, daß unser Bewußtsein und Unterbewußtsein aus Schichten verschiedener Persönlichkeitsstrukturen aufgebaut sind. Dabei gibt es Schichten mit kindlichen, jugendlichen, erwachsenen oder auch »übererwachsenen« Persönlichkeitsmerkmalen. Normalerweise sind all diese Strukturen in der Gesamtpersönlichkeit integriert – aber gelegentlich fallen sie auseinander, und die einzelnen Schichten treten sozusagen als selbständige Einzelpersönlichkeiten in Erscheinung. Man spricht dann von Persönlichkeitsspaltung oder »multiple personality«. Dabei gibt es Menschen, bei denen man Dutzende solcher abgespaltenen Persönlichkeitsstrukturen findet, und unter anderen gelegentlich auch eine Art »inneren Helfer«, ein »Protector-Self« oder »Beschützerselbst.«

»An diesen ›multiple personalities‹ können Sie sehr gut verschiedene Bewußtseinsstufen studieren«, meinte Dr. Jussek in einem Gespräch, das wir vor einiger Zeit miteinander führten. »Professor Hilgard hat 1977 zum ersten Mal an ›multiple personalities‹ einen ›inneren Helfer‹ beschrieben. Das war zur selben Zeit, als ich an einer

Normalperson meine Untersuchungen machte mit diesem ›inneren Helfer‹ beziehungsweise ›Überselbst‹, das ich persönlich als ›Protector-Self‹ bezeichnet habe. Man nimmt an, daß sich bei diesen ›multiple personalities‹ Teile des Hauptbewußtseins abspalten und dann eine eigene Existenz führen können. So gibt es multiple Persönlichkeiten, die normalerweise fünf bis zehn verschiedene Personen in sich wachrufen können, es gibt aber auch multiple Persönlichkeiten mit über hundert verschiedenen Fragmenten. Für uns, für die Medizin, für die Zukunftsforschung ist das enorm wichtig. Nicht einmal so sehr für den Psychiater oder Nervenarzt als vielmehr für den Internisten. Denn man hat zum Beispiel festgestellt, und diese Untersuchungen wurden an Universitäten in Amerika gemacht, daß bei einem Zuckerkranken, der auf Insulin steht, diese andere Persönlichkeit, die ja im selben Körper existiert, nicht mehr zuckerkrank ist. Das bezieht sich auch auf viele andere Erkrankungen. Man findet es besonders bei Allergien, man findet es auch bei Schmerzzuständen, daß ein Schmerzzustand beispielsweise völlig verschwindet, wenn die andere Persönlichkeit übernimmt.«

Der »innere Helfer« ist übrigens auch bei multiplen Persönlichkeiten eine hilfreiche Instanz. Also – nichts gegen den »inneren Helfer«. Aber die Behandlung von Persönlichkeitsspaltung ist derzeit äußerst schwierig und Heilerfolge sind selten. Allerdings sind auch solche Fälle von Persönlichkeitsspaltung selten. Früher sprach man dann von »Besessenheit« durch Geister oder Dämonen. Diese Deutung wird heute von den meisten Psychologen abgelehnt – aber eine Erklärung für das, was bei der Persönlichkeitsspaltung passiert, haben sie zur Zeit leider auch nicht anzubieten.

Aus verschiedenen wissenschaftlichen Untersuchungen geht hervor, daß sich mit den verschiedenen Persönlichkeitsstrukturen auch die Muster der Gehirnströme drastisch ändern, ebenso der sprachliche Wortschatz, die Grammatik, und zum Teil sogar der Dialekt. Außerdem verschwinden Krankheitssymptome oder allergische Reaktionen bei einer Teilpersönlichkeit, und tauchen bei einer anderen wieder auf – und das alles, obwohl es sich immer um den gleichen Körper handelt.

Gewisse Krankheiten – und dabei sogar Diabetes – erscheinen hier also nicht als eine Eigenschaft des Körpers, sondern des Geistes – der Persönlichkeit. Warum das so ist, kann die Wissenschaft derzeit nicht beantworten. Aber man darf wohl die Prognose wagen, daß – was immer auch dahinterstecken mag – eine Erklärung dieser Erscheinungen die heutigen medizinischen Denkmodelle erheblich wandeln, um nicht zu sagen: auf den Kopf stellen wird. Oder auf die Füße, wenn man so will.

»Mind over matter«, so haben wir gesagt, soll das Motto unserer Sendereihe und dieses Buches sein: *Der Geist beherrscht die Materie*. Daß dies zumindest in bezug auf den eigenen Körper richtig ist, haben die bislang aufgeführten Beispiele wohl deutlich gemacht. Wie aber steht es mit den Möglichkeiten des Geistes, auch außerhalb des eigenen Körpers auf die Materie einzuwirken? Um die Antwort bemüht sich ein Zweig der Wissenschaft, den wir Parapsychologie nennen. Ihr sind die folgenden vier Kapitel gewidmet.

Literaturempfehlung Kapitel 6:

José Silva: »Silva-Mind-Control«
Kenneth H. Pelletier: »Unser Wissen vom Bewußtsein«
Carl O. Simonton: »Wieder gesund werden« und »Prinzip Mut«
Eugen Jussek: »Begegnung mit dem Weisen in uns«

Kapitel 1 – oben: Beim Taipusam-Fest in Singapore lassen sich junge Männer in Trance Zunge und Wangen mit spitzen Nadeln durchbohren, ohne Schmerz zu empfinden und ohne zu bluten.

Kapitel 2 – unten: Janet Saliz bekam ihre drei Kinder durch Kaiserschnittoperationen in Hypnose, da sie gegen Betäubungsmittel allergisch war.

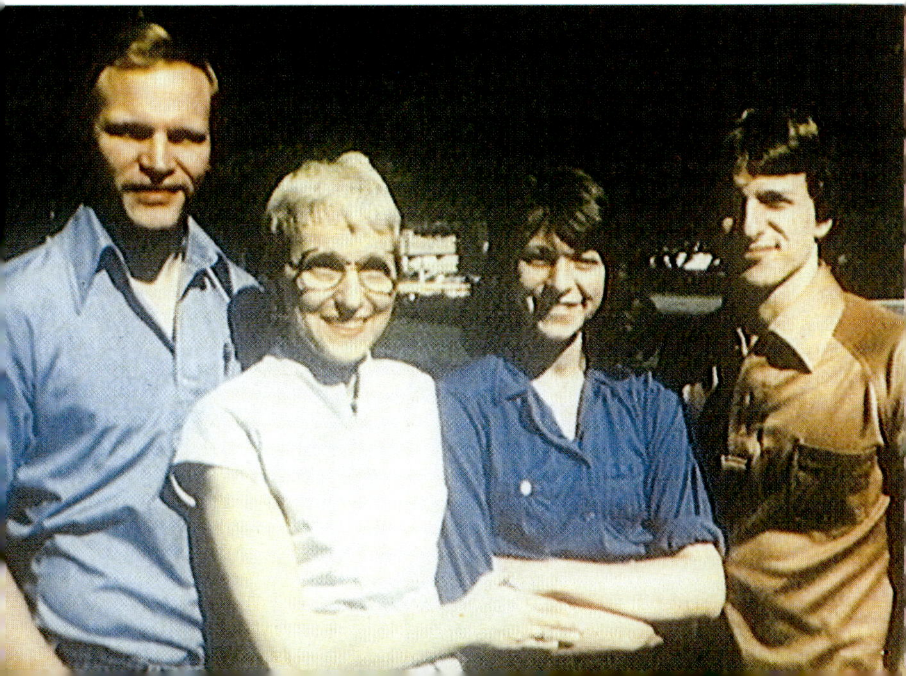

Kapitel 3 – oben: Der »Feuerlauf« – im Osten religiöses Ritual, im Westen eine neue Form der Psychotherapie.

Kapitel 4 unten: Dr. Dabney Ewin hypnotisierte Patienten mit schweren Verbrennungen und konnte dadurch die Heilung erleichtern und beschleunigen.

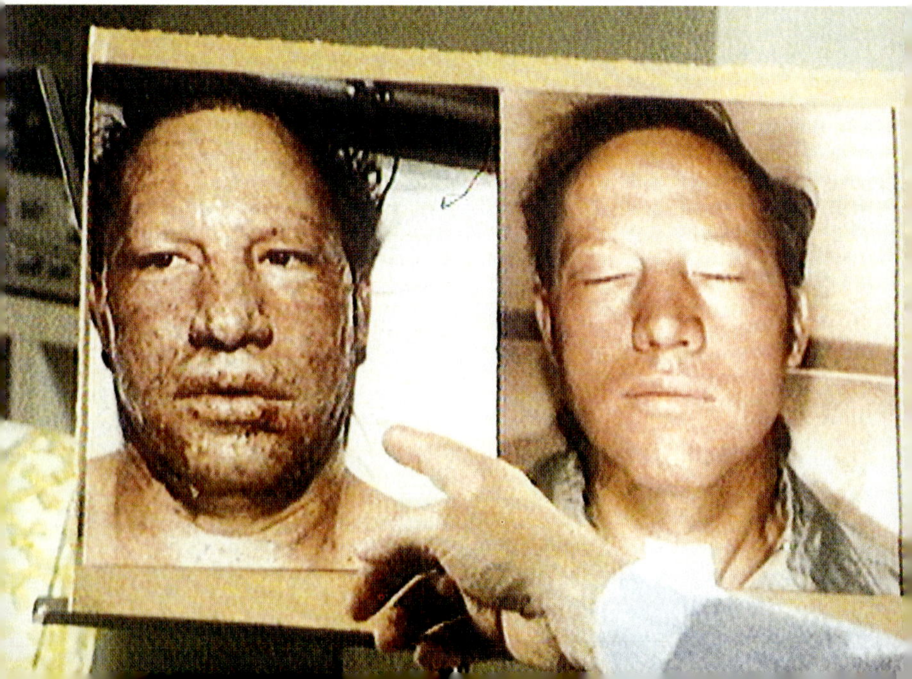

Kapitel 5 – oben: Dr. Hannes Lindemann überquerte im Faltboot den Atlantik, nachdem er sich ein halbes Jahr mit autogenem Training vorbereitet hatte.

Kapitel 6 – unten: José Silva entwickelte die »Mind-Control«, eine Technik der Entspannung und positiven Selbstkontrolle.

Kapitel 7: J. B. Rhine und Karl E. Zener entwickelten Karten, die einfache Symbole tragen, und versuchten damit, im Experiment außersinnliche Wahrnehmung, wie Hellsehen, Telepathie oder Präkognition nachzuweisen. Das Bild zeigt Professor Hans Bender, Parapsychologisches Institut Freiburg, bei der Arbeit mit dem PSI-Reorder.

Kapitel 8 – oben: Psychometrie: Dr. Peter Nelson bezieht Informationen aus Gegenständen.

Kapitel 9 – unten: »Gedankenfotografie« – der Amerikaner Ted Serios konnte offenbar mit Hilfe seiner Vorstellungskraft Bilder auf unbelichtetes Fotopapier projizieren. Rechts daneben die Original-Frauenkirche in München.

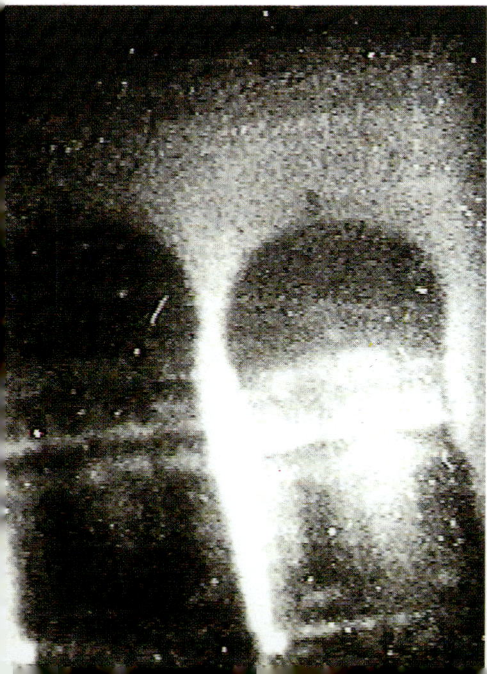

Kapitel 10 – oben: Uri Geller – wohl der bekannteste der »Löffelbieger«.

Kapitel 11 – unten: Der englische Geistheiler Tom Johanson bei einer Behandlung.

Kapitel 12: Wenn Objekte im Kirlian-Verfahren fotografiert werden, wird ihre »Aura« sichtbar. Hier ein Blatt, von dem ein Teil abgeschnitten wurde, und das in der Kirlian-Fotografie trotzdem vollständig erscheint.

Kapitel 13: Die Annahme einer »jenseitigen Wirklichkeit« war für ihn selbstverständlich: Hoimar von Ditfurth.

Kapitel 7

Wenn der Geist auf Reisen geht ...

Parapsychologie: die PSI-Phänomene auf dem Prüfstand

Wissenschaftler und Medien: die Anfänge im 19. Jahrhundert / Zener-Karten und Würfel: J. B. Rhines Experimente / Die Gläubigen haben mehr Erfolg: Gertrude Schmeidler und der Sheep-Goat-Effekt / Traumtelepathie: ASW im Schlaf / »Ganzfeld«: Erfolge durch Entzug der Sinnesreize / Hansel und Hyman: die Stimme der Kritik.

Der Begriff »Parapsychologie« wurde Ende des 19. Jahrhunderts von dem deutschen Arzt und Psychologen Dr. Max Dessoir eingeführt, als Bezeichnung für einen Zweig der Psychologie, der Erscheinungen untersucht, die, so Dr. Dessoir, »über den normalen Verlauf des Seelenlebens hinaustreten. Dieses Wort ist nicht schön, aber es hat den Vorzug, ein bisher noch unbekanntes Grenzgebiet zwischen dem Durchschnitt und den pathologischen Zuständen kurz zu kennzeichnen«.

Die Parapsychologie beschäftigt sich also mit jenen Phänomenen, die der schulwissenschaftlichen Psychologie zu obskur, zu unseriös oder zu abgehoben erscheinen: mit Geistern und Gespenstern, mit Erinnerungen an frühere Leben in anderen Zeiten und anderen Körpern, vor allem aber mit den sogenannten »PSI-Phänomenen«.

PSI ist der 23. Buchstabe des griechischen Alphabets, und der erste des Wortes *Psyche* – griechisch: Seele. Die Parapsychologen verwenden ihn zur Bezeichnung von verschiedenen Formen der »Außersinnlichen Wahrnehmung« (ASW), nämlich:

Telepathie – das heißt: Gedankenübertragung, Empfang von Informationen durch oder über entfernte Personen,

Hellsehen – das heißt: Empfang von Informationen über Dinge und Ereignisse, und

Präkognition – das heißt: Empfang von Informationen über zukünftige Ereignisse. Und das alles ohne Zuhilfenahme der gewöhnlichen fünf Sinne oder technischer Hilfsmittel. Außerdem zählt man zu den PSI-Phänomenen noch die

Psychometrie oder *Psychoskopie* – das Lesen von Informationen aus Gegenständen, und die

Psychokinese (PK) – die Bewegung, Beeinflussung oder Veränderung von Materie durch geistige Kräfte. Bekanntestes Beispiel: das »Löffelbiegen« – à la Uri Geller.

Der englische Philosoph und Politiker Francis Bacon (1561 bis 1626) hat bereits im 16. Jahrhundert die Erforschung solcher Phänomene angeregt und Experimente entworfen, um die Wirkung der »Imagination«, der Vorstellungskraft, auf belebte und unbelebte Objekte zu untersuchen. Er empfahl dabei unter anderem die Beeinflussung von Zufallsprozessen, wie etwa dem Werfen von Würfeln – eine Anregung, die in den 30er Jahren unseres Jahrhunderts von Joseph Banks Rhine aufgenommen wurde. Rhine gilt als einer der großen Pioniere der Parapsychologie, neben dem Holländer Wilhelm Heinrich Tenhaeff und dem Freiburger Psychologieprofessor Hans Bender.

Nach unzähligen wissenschaftlichen Experimenten, die inzwischen in vielen Ländern der Welt durchgeführt wurden, kann heute die Existenz von PSI-Phänomenen, die ohne Betrug, Manipulation oder Selbsttäuschung zustande kamen, in Einzelfällen noch in Frage gestellt, aber nicht mehr völlig abgelehnt werden. Über eine schlüssige Erklärung dafür, wie diese Phänomene zustande kommen, zerbrechen sich die Experten allerdings immer noch die Köpfe.

Ernsthafte Naturwissenschaftler haben bereits Ende

des 19. Jahrhunderts die systematische Erforschung paranormaler Phänomene in Angriff genommen. 1882 gründete eine Gruppe von angesehenen englischen Akademikern die »Society for Psychical Research« – psychical bedeutet soviel wie: übersinnlich. Im Programm der Gesellschaft formulierte man ihre Ziele unter anderem so:

»Es scheint aus den Zeugnissen vieler kompetenter Beobachter der Gegenwart und Vergangenheit einschließlich der in neuerer Zeit gemachten Beobachtungen hervorragender Gelehrter hervorzugehen, daß neben viel Täuschung und Betrug ein wichtiger Kern merkwürdiger Erscheinungen vorhanden ist, die auf den ersten Blick unerklärlich scheinen durch irgendeine allgemein anerkannte Hypothese, und doch, wären sie einwandfrei festgestellt, von höchster Bedeutung sein müßten. (...) Unser Ziel wird sein, die verschiedenen Probleme ohne Vorurteil und im gleichen Geist exakter und leidenschaftsloser Forschung in Angriff zu nehmen, der die Wissenschaft in den Stand gesetzt hat, so viele Probleme zu lösen, die einst nicht weniger dunkel und heiß umstritten waren.«

Namhafte Naturforscher gehörten zu den Mitgliedern dieser Gesellschaft, darunter der Physiker und Chemiker Sir William Crookes und Alfred Russell Wallace, der gleichzeitig mit Darwin die Idee einer Evolution durch natürliche Auslese entwickelt und gemeinsam mit diesem veröffentlicht hat. Daß er in den meisten Biologiebüchern allenfalls noch am Rande, wenn überhaupt, erwähnt wird, hat er wohl seinem Engagement für das Über- und Außersinnliche zu verdanken. Crookes und Wallace untersuchten beipielsweise die außerordentlichen Fähigkeiten des Schotten Daniel Douglas Home, von dem die unglaublichsten Dinge berichtet werden: er hielt glühende Holzstücke in der Hand, ohne sich zu verbrennen, spielte Musikinstrumente, ohne sie anzufassen, erhob sich in Gesellschaft mehrerer Personen an die Zimmerdecke und brachte auch verschiedene Gegenstände zum Fliegen. In einer Sitzung beim französischen Kaiser Louis Napoleon solle er einen Leuchter waagerecht in der Luft zum Schweben gebracht haben, wobei angeblich auch die Kerzenflammen waagerecht weiterbrannten. Man hat Daniel Douglas Home die Anwendung von Tricks und Manipulationen unterstellt, aber nicht nachweisen können. Er ist nie als Betrüger entlarvt worden. Man hat auch von Massensuggestion und Halluzinationen gesprochen, die er hervorgerufen habe, um seine erstaunlichen Demonstrationen zu erklären – aber das hieße ja nur, eine rätselhafte Fähigkeit durch eine andere ebenso rätselhafte zu ersetzen.

Auch die deutschen Physiker Gustav Theodor Fechner und Friedrich Zöllner stellten damals viele Experimente und Untersuchungen an. Vor allem mit dem amerikanischen Medium Henry Slade, dem es beispielsweise gelang, in verschiedene, an beiden Enden versiegelte Garn- oder Lederschlaufen eine Reihe von Knoten hineinzupraktizieren. Professor Zöllner schloß aus diesen Experimenten auf die Existenz einer vierten Dimension, aber seine Physikerkollegen sprachen statt dessen lieber von Täuschung und Betrug und bezweifelten die Wissenschaftlichkeit der Versuchsanordnungen.

Solche Vorwürfe wurden immer wieder erhoben, und daher versuchte in den 30er Jahren der amerikanische Botaniker Joseph Banks Rhine an der Duke University in North Carolina die Parapsychologie durch Versuche aufzuwerten, die strengen wissenschaftlichen Anforderungen standhielten. Rhine beschäftigte sich vor allem mit den drei Formen der Außersinnlichen Wahrnehmung (ASW) – Telepathie, Hellsehen und Präkognition – und mit Psychokinese. Letztere versuchte er durch Experimente nachzuweisen, in denen seine Versuchspersonen den Fall von Würfeln willentlich beeinflussen sollten. Um das Vorhandensein von ASW nachzuweisen, entwickelte

Rhines Mitarbeiter Zener ein spezielles Kartenspiel mit 25 Karten, die mit fünf einfachen Symbolen bedruckt waren: Kreis, Kreuz, Welle, Quadrat und Stern.

Ein typisches Experiment bestand zum Beispiel darin, daß die Versuchsperson die Symbole der Zener-Karten, die vom Versuchsleiter mit der Rückseite nach oben aufgelegt wurden, bestimmen sollte. Die fünf verschiedenen Symbole sind im Kartenspiel jeweils fünfmal enthalten, und über einen längeren Versuchszeitraum müßten, nach dem Gesetz des Zufalls, durchschnittlich fünf Karten richtig erraten werden. Wenn mehr als fünf Karten richtig zugeordnet waren, was häufig genug vorkam, sah Rhine darin einen Beweis für ASW. Nach Tausenden von Versuchen mit Hunderten von Menschen, kam Rhine zu der Schlußfolgerung, daß die PSI-Phänomene tatsächlich existieren.

»Ich bin der Meinung«, so sagte er in einem Interview, »daß Hellsehen, Präkognition und Psychokinese nachgewiesen sind. Es sieht so aus, als ob die PSI-Fähigkeiten zu den natürlichen Eigenschaften, den natürlichen Fähigkeiten des Menschen gehören.«

Seine Gegner waren anderer Meinung. Mark Hansel beispielsweise, seinerzeit Psychologieprofessor an der Universität in Swansea, behauptete, daß Rhines Versuche mangelhaft durchgeführt wurden, daß sein Beweismaterial dürftig wäre, und daß seine Ergebnisse auf alle Fälle dem gesunden Menschenverstand widersprächen.

»Es gibt«, so Hansel, »viele Fälle von alltäglichen Aktivitäten, in denen es sehr deutlich werden würde, wenn Telepathie oder Präkognition oder Psychokinese tatsächlich möglich wären. Wenn irgend jemand telepathische Fähigkeiten hätte, dann sollte es ja einfach sein, diesen Effekt vorzuführen. Ich wäre vollkommen zufrieden, wenn mir jemand, nachdem ich mich einige Minuten mit ihm unterhalten habe, sagen könnte, was ich gerade denke. Mit diesen Versuchen würde es keine Schwierigkeiten geben, wenn man die Ergebnisse bestätigen könnte – aber die nackte Tatsache ist, daß sie sich nicht bestätigen lassen. Die Resultate entsprechen dem, was man normalerweise vorhersagen könnte, auf Grund unseres Wissens darüber, wie Menschen sich in Experimenten verhalten, und im Zusammenhang gesehen mit der Vergangenheit einer Versuchsperson. Es zeigt sich, daß wir es hier in der Parapsychologie mit einem sehr hohen Grad an experimentellen Fehlern und zum Teil auch mit bewußtem Betrug zu tun haben.«

Seit den 30er Jahren wurde etwa ein halbes Dutzend Versuchsleiter bei Manipulationen ertappt. Der berühmteste Fall war, in den 50er Jahren, der des Engländers Dr. S. G. Soal. Aber schlimmer für Rhine war es, daß andere Wissenschaftler damals nicht in der Lage waren, seine Ergebnisse zu wiederholen. Außerdem wurden die Leistungen seiner Versuchspersonen, die zu Beginn hohe Trefferzahlen aufwiesen, im Laufe der Versuche schwächer, wodurch sich ein überzeugender statistischer Beweis nur noch sehr schwer erbringen ließ.

Inzwischen haben Parapsychologen auch versucht, mit Meditation, Entspannungsübungen und sogar mit Hypnose die ASW-Leistungen zu verbessern. Und es gibt in der Tat Hinweise darauf, daß dieser veränderte Bewußtseinszustand die Fähigkeit zu außersinnlicher Wahrnehmung steigert. Aber die Verbesserungen waren nicht spektakulär. Die Parapsychologie hing ein bißchen fest. Aber dann brachte eine kleine Dame die Dinge wieder in Bewegung: Gertrude Schmeidler, Psychologieprofessorin am City College in New York. Zwischen 1942 und 1951 führte sie eine Mammutserie von Versuchen durch, um herauszufinden, ob gewisse Menschentypen in bezug auf die außersinnliche Wahrnehmung besser abschneiden als andere. Mehr als 1300 Personen nahmen an diesen Versuchen teil. Vor Beginn des Tests wurden die Teilnehmer interviewt, um zu klären, ob sie zu den »Schafen«

oder zu den »Böcken« zählten. Als »Schafe« (sheep) bezeichnete Gertrude Schmeidler diejenigen, die an ASW glaubten und zuversichtlich waren, im Versuch erfolgreich zu sein. Die anderen, die nicht an ASW und an einen Erfolg glaubten, bezeichnete sie als »Böcke« (goat). Nach mehr als 10 000 Versuchsdurchgängen wurden die Leistungen der gläubigen und der ungläubigen Versuchspersonen getrennt ausgewertet. Im Durchschnitt lagen die Resultate der gläubigen knapp über der Zufallserwartung und die der ungläubigen knapp darunter. Obwohl gering, war der Unterschied statistisch hochsignifikant. Der Psychologe Hans J. Eysenck meinte: »Die Differenz zwischen den beiden Gruppen war so entscheidend, daß sie rein zufällig nur mit einer Wahrscheinlichkeit von eins zu über zehn Millionen hätte zustande kommen können.«

In Anlehnung an Gertrude Schmeidlers Einteilung der Versuchspersonen spricht man seither vom »Sheep-Goat-Effekt«. Andere Wissenschaftler haben in zahlreichen Versuchen dieses Ergebnis bestätigt. Dabei wurden auch Persönlichkeitsmerkmale untersucht. Obwohl die Ergebnisse weniger klar sind, scheinen Extravertierte in ASW-Tests besser abzuschneiden und Neurotiker schlechter. Immerhin kam man zu dem Schluß, daß an der außersinnlichen Wahrnehmung wohl doch etwas dran wäre und begann, sich nach weiteren Versuchsvarianten umzusehen.

Die Geschichte berichtet von vielen Fällen außersinnlicher Wahrnehmung, die Menschen im Traum erlebten. Der römische Philosoph und Politiker Cicero schrieb beispielsweise im ersten Jahrhundert vor Christus: »Wenn die Seele im Schlaf von ihrer engen Verbindung mit dem Körper hinweggeholt wird, dann wird die Vergangenheit lebendig, die Gegenwart genau erkannt und die Zukunft vorhergesehen. Obwohl der Körper liegt, als ob das Leben ausgelöscht wäre, ist die Seele ganz lebendig – um wieviel wahrer wird sie leben und gedeihen, wenn erst der Tod sie ganz vom Fleisch befreit.«

In Anlehnung an solche Erkenntnisse entwarfen in den 60er Jahren Dr. Montagu Ullmann und Dr. Stanley Krippner, zwei Wissenschaftler am Maimonides Medical Center in New York, eine Versuchsanordnung, mit der sie die Frage klären wollten, ob eine Gedankenübertragung im Traum möglich ist: Traumtelcpathie. Unter Telepathie versteht man, wie bereits erwähnt, den Empfang von Information über oder durch entfernte Personen. Dieser Ausdruck stammt von Frederic C. W. Myers, einem englischen Parapsychologen und Gründungsmitglied der Society for Psychical Research, und ließe sich etwa mit »Fernerleidung« übersetzen. Vielleicht dachte Myers dabei an jene häufig berichteten Fälle, wo Menschen Bilder oder Gefühlseindrücke empfangen haben, wenn eine ihnen nahestehende Person starb oder schwer verletzt wurde.

J. B. Rhine hatte bereits Telepathieexperimente mit den Zener-Karten durchgeführt, in denen eine »Senderperson« sich auf eine Karte konzentrierte, und eine »Empfängerperson« versuchen mußte, zu erkennen, welches der fünf Symbole (Kreuz, Kreis, Welle, Stern oder Quadrat) auf der betrachteten Karte zu sehen war. Beide Personen waren wach in diesem Test.

Krippner und Ullmann gingen bei ihren Experimenten von der Erkenntnis aus, daß der Mensch im Verlauf einer Nacht mehrmals träumt, und das sich seine Augen während dieser Traumschlafphasen schnell hin- und herbewegen. Man spricht daher auch von der rapid-eye-movement- oder REM-Phase. Während die Versuchsperson schlief, konzentrierte sich der Experimenator auf ein Bild mit einem charakteristischen Motiv, zum Beispiel einem fliegenden Engel mit bunten Flügeln. Sobald an den Augenbewegungen festzustellen war, daß die Versuchsperson sich in einer Traumschlafphase befand, weckte man sie auf und ließ sie ihren Traum erzählen. Das hörte sich dann beispielsweise etwa so an: »... Segel von verschiedenen Farben, wie Vögel. Und eine Frau, eine Göttin spazierte über den Ozean und in ihrer rechten Hand ließ sie einen Schmetterling los, einen grünen und rosafarbenen Schmetterling ...«

Die Erfolge mit« Traumtelepathie« ermutigten Charles Honorton vom Psychophysical Research Laboratory, eine noch bessere Versuchsanordnung zu entwerfen. »Traum, Hypnose, Meditation und ähnliche Zustände haben gemeinsame Merkmale«, meint Honorton. »Das Wichtigste scheint zu sein, daß sie alle mit sensorischer Deprivation verbunden sind, das heißt, mit einer Ausschaltung äußerer Sinnesreize. Um dies auch im Wachzustand zu erreichen, haben wir eine Technik entwickelt, die wir ›Ganzfeld‹ nennen.«

Angeregt wurde Honorton zu dieser Methode durch die Yoga-Anweisungen des Inders Patanjali, der schon vor über 2000 Jahren darauf hingewiesen hatte, daß durch »Zurückziehen der Sinne von der Außenwelt« in der Entrückung einer tiefen Meditation außersinnliche Wahrnehmung möglich sei.

Während der »Ganzfeld«-Experimente wurden der »Empfängerperson« die Augen durch rote, mit Watte gefüllte Halbkugeln verschlossen und außerdem Kopfhörer aufgesetzt, aus denen ein diffuses Rauschen ertönte. Die »Senderperson« betrachtete gleichzeitig in einem anderen Raum ein Bild, das sie der »Empfängerperson« zu übermitteln versuchte. In einem dieser Experimente, das filmisch dokumentiert wurde, betrachtet der »Sender« an einem Diagerät Bilder aus Las Vegas. Und der »Empfänger« schildert seine Eindrücke: »Ich schwebe über einer Art Landschaft. Da ist der Name eines Nachtclubs, Marquise sehe ich gerade, Nachtclub Marquise in Las Vegas ...« Anschließend muß die »Empfängerperson« sich eine Reihe verschiedener Dias anschauen und entscheiden, welche am besten mit dem, was sie gesehen hat, übereinstimmen. In diesem Falle wählt sie auf Anhieb die richtigen.

Inzwischen sind unzählige »Ganzfeld«-Versuche in verschiedenen Laboratorien durchgeführt worden, und beinahe die Hälfte davon waren erfolgreich. Dr. William Braud von der Mind Science Foundation meinte dazu: »Die ›Ganzfeld‹-Technik befreit den Geist von Begrenzungen. Sie vermindert die Ablenkung im Nervensystem und die Ergebnisse sind normalerweise recht erfolgreich. Ich möchte sagen, daß bei meiner eigenen Arbeit etwa 75 Prozent unserer Versuche positive Ergebnisse erbracht haben. Dies ist ein Beweis für übersinnliche Fähigkeiten.«

Aber nicht alle waren so erfolgreich. Dr. Susan Blackmore von der University of Bristol beispielsweise ist jemand, dem es versagt blieb, Hinweise für außersinnliche Wahrnehmung zu finden. Die Parapsychologen geben zu, daß es viele Versuchsleiter gibt, die keine positiven Resultate erhalten, aber sie führen dies auf einen »Versuchsleitereffekt« zurück, was besagen soll, daß die Einstellung des Versuchsleiters in den empfindlichen Prozeß der ASW störend eingreift. Dr. Susan Blackmore erscheint diese Erklärung zu einfach.

»Man hat vermutet«, meint sie, »meine Mißerfolge wären darauf zurückzuführen, daß ich nicht die richtige Einstellung den Experimenten gegenüber hatte, daß ich nicht fest genug daran glaubte. Dazu muß ich aber sagen, daß ich anfangs durchaus an ASW geglaubt habe. Und trotzdem habe ich damals keine Ergebnisse erhalten, und ich erhalte auch heute keine. Die andere Möglichkeit freilich ist, daß ich deshalb keine Ergebnisse bekomme, weil es keine außersinnliche Wahrnehmung gibt.«

Viele Wissenschaftler würden ihr darin natürlich zustimmen – so wie Ray Hyman, Psychologieprofessor an der Stanford University. Er hat alle veröffentlichten »Ganzfeld«-Experimente untersucht und die Art und Weise, mit der viele von ihnen durchgeführt wurden, kritisiert. Zum Beipiel die Form der Beurteilung des richtigen Bildes durch die »Empfängerperson«.

»Es besteht die Möglichkeit«, so Hyman, »daß dem ›Empfänger‹ das gleiche Zielbild zur Beurteilung übergeben wurde, das die ›Senderperson‹ in der Hand hatte. Auf diese Weise können sich verschiedene wahrnehmbare Anhaltspunkte ergeben haben. 52 Prozent der Experimente verwendeten unangemessene Methoden der Zufallsauswahl, wenn zum Beispiel die Dias von Hand gemischt wurden. Das mag in den 30er Jahren, als J. B. Rhine seine Versuche durchführte, in Ordnung gewesen sein, aber heute ist es das nicht mehr.«

Wenn das Bild des »Senders« per Hand ausgewählt wurde, dann ist nach Ansicht von Hyman das Experiment wertlos. Es hätte von einem Computer ausgewählt werden sollen. Er schloß auch Experimente aus, wenn dem »Empfänger« das gleiche Zielbild zur Beurteilung übergeben wurde, das der »Sender« bei der Übertragung in der Hand gehabt hatte. Fingerabdrücke oder bewußt angefertigte Markierungen könnten dann Anhaltspunkte geliefert haben. Doch Hyman gab zu, daß er direkte Treffer, wie » Nachtclub in Las Vegas« nicht anders erklären konnte als durch »Zufall«.

Professor Hansel hatte noch weitere Einwände: »Wenn die Parapsychologen ihr Forschungsgebiet als wissenschaftlich ansehen wollen, dann müssen sie die normalen Regeln akzeptieren, die die Wissenschaftler vorschreiben. Und wenn jemand die Existenz eines sehr unwahrscheinlichen Phänomens demonstrieren will, dann braucht man weiter Demonstrationen dieses Phänomens, die dasselbe Resultat ergeben.«

Andere Psychologen allerdings stimmen dieser Forderung nach unbedingter Wiederholbarkeit nicht zu und sind der Ansicht, daß die Parapsychologie hier nicht schlechter abschneidet als die konventionelle Psychologie. Zum Beispiel Irvin Child, Psychologieprofessor an der Yale University. »Das Beweismaterial für PSI«, so meint er, »kann mit dem Beweismaterial für eine Reihe anderer Phänomene in der Psychologie verglichen werden. Es gibt keinen großen Unterschied in der Qualität der Forscher oder der Art des Beweismaterials. Es ist wahr, daß die Phänomene nicht auf Befehl vorgeführt werden können, so wie in einem physikalischen Labor jeder exakt das gleiche Phänomen vorführen kann. Nichts dergleichen gibt es in der Parapsychologie. Nichts dergleichen gibt es allerdings auch in manchen Gebieten der Psychologie. Aber da hier die Phänomene nicht so unglaubwürdig scheinen, werden sie nicht so häufig auf die Probe gestellt. Doch wo sie auf die Probe gestellt wurden, hat sich häufig ein ähnliches Ausbleiben der Wiederholbarkeit gezeigt. In der Parapsychologie gibt es eine Art der Wiederholbarkeit wie in vielen Gebieten der Psychologie, in dem Sinne, daß ein bestimmtes Experiment von verschiedenen Leuten unter verschiedenen Umständen häufig, allerdings nicht immer, mit ähnlichen Ergebnissen durchgeführt wurde.«

Charles Honorton und Ray Hyman haben übrigens inzwischen ein gemeinsames Kommuniqué über ihre »Ganzfeld«-Kontroverse herausgegeben, in dem sie darauf hinweisen, daß sie zwar, was die bisherigen Experimente angeht, unterschiedliche Ansichten haben, sich aber einig sind, daß eine endgültige Beurteilung der PSI-Phänomene aber erst nach weiteren Untersuchungen möglich sei. Und sie geben gemeinsam Empfehlungen, wie solche künftigen Experimente durchgeführt werden sollten.

Es gibt, was die Telepathie angeht, inzwischen genügend Experimente, die man durchaus als erfolgreich bezeichnen kann – in dem Sinne, daß zwar keine Gedanken in Form von Sätzen, aber immerhin Bilder, bildhafte Eindrücke übertragen wurden. Und zum Teil mit erstaunlicher Genauigkeit. Hier von »Zufall« zu reden, ist wenig hilfreich. Die Zufallswahrscheinlichkeit für einen Volltreffer ist astronomisch gering – und außerdem müßten wir, um mit Sicherheit sagen zu können, daß es sich um Zufall handelt, alle beteiligten Faktoren kennen und ausschließen können, das auch nur einer von ihnen in irgendeiner Weise gesteuert ist. Und das ist unmöglich. So ist also das Bekenntnis zum »Zufall« als ein Glaubensbekenntnis der betreffenden Wissenschaftler anzusehen, aber nicht als eine wissenschaftliche Aussage.

Andererseits gibt es neben den Erfolgen auch ebenso eindrucksvolle Mißerfolge – und das zeigt, das wir dieses Phänomen bislang weder richtig im Griff noch richtig begriffen haben. Die Fähigkeit der Gedankenübertragung ist auch bei überdurchschnittlich begabten Personen sehr unzuverlässig, und es ist schwer zu unterscheiden, ob ein Bild oder ein Eindruck tatsächlich auf außersinnlicher Wahrnehmung beruht oder aber eine Phantasie, ein Wunschtraum oder eine Halluzination ist. Es besteht also kein Grund, das Telefon abzumelden.

Wenn wir uns mit anderen Menschen verständigen wollen, dann ist es vorläufig immer noch sinnvoller, wenn wir miteinander reden und unsere Gedanken durch Sprache übertragen.

Was durchaus auch eine Fähigkeit ist, die zu kultivieren es sich lohnt.

Kapitel 8

Weitblicke mit geschlossenen Augen

Hellsehen – außersinnliche Wahrnehmung oder Illusion?

Tricks und Manipulationen / Croiset und Stepanek, die PSI-Weltmeister / Der hellsichtige Polizist: Russell Targ und »Remote Viewing« / »Project Scanate«: übersinnliche Spionage / Mit Hella Hamid ins Museum: ein Live-Experiment der BBC / Was eine Halskette zu erzählen hat: Psychometrietalent Peter Nelson.

Die Parapsychologie versteht unter Hellsehen den Empfang von Informationen über Dinge und Ereignisse – vorwiegend in Form von Bildern – ohne Zuhilfenahme der gewöhnlichen fünf Sinne oder technischer Geräte. Wenn die Information nur akustisch, in Art einer inneren Stimme empfangen wird, spricht man von »Hellhören«, wenn es sich um Gefühle handelt, von »Hellfühlen«.

Bei den Vorführungen, die man gelegentlich in Varietés erleben kann, wo zum Beispiel eine Frau auf der Bühne mit verbundenen Augen Gegenstände beschreibt, die ihr Partner aus dem Publikum gereicht bekommt, handelt es sich nicht um echtes Hellsehen. Hier wird Information nach einem vorher festgelegten Code durch die Art der Formulierung übermittelt. Die Frage: »Welche Farbe hat der Gegenstand?«, könnte zum Beispiel *Rot* bedeuten. »Die Farbe des Gegenstands, kannst du sie mir nennen?« könnte für *Blau* stehen, »der Gegenstand hat eine Farbe, wie sieht sie aus?« für *Gelb*, und so weiter. Derartiges ist ein Beispiel für außerordentlich gut trainiertes Gedächtnis, aber nicht für außersinnliche Wahrnehmung.

Auch der in den 30er Jahren berühmt-berüchtigte »Hellseher« Hanussen arbeitete häufig mit Tricks und Manipulationen. Als er deshalb wegen Betrugs in Leitmeritz vor Gericht stand, lieferte er allerdings Proben seiner »Hellsichtigkeit«, die den Richtern so echt erschienen, daß er freigesprochen wurde.

Weniger umstritten als die von Hermann Steinschneider alias Erik Jan Hanussen waren die hellseherischen Fähigkeiten des holländischen Heilpraktikers Gérard Croiset. Eines der eindruckvollsten Beispiele dieser Fähigkeit ist in einer Sendung des japanischen Fernsehens dokumentiert. Man hatte Croiset anläßlich eines Besuches in Japan das Foto eines vermißten Kindes gezeigt. Er behauptete, das Kind sei in einem Teich ertrunken und sagte auch, an welcher Stelle. Ein Team des japanischen Fernsehens fuhr dorthin, und gerade, als die Kamera aufgebaut wurde, tauchte die Leiche des Kindes plötzlich an der Wasseroberfläche auf. Der Kameramann war so erschrocken, daß er vergaß, die Schärfe zu ziehen und die Einstellung total verwackelte.

Croiset hat auch in verschiedenen Experimenten mit namhaften Parapsychologen eine Reihe von hellseherischen Leistungen erbracht, die beeindruckend waren. Allerdings gab es auch Mißerfolge, die zeigten, daß seine Fähigkeiten nicht immer zuverlässig und auf Kommando abrufbar waren. Es zeigte sich auch, und nicht nur bei Croiset, daß die Grenze zwischen Hellsehen und Telepathie oft nur schwer zu ziehen ist.

In den 60er Jahren stellte der tschechische Biochemiker Dr. Milan Ryzl unzählige Versuche mit einem Bankangestellten namens Stepanek an. Diese Experimente, in denen die Versuchsperson die Farbe von Karten in mehreren verschlossenen und ineinander gelegten Umschlägen erkennen sollte, waren so erfolgreich, daß sie Stepanek eine Eintragung ins *Guinness Book of Records* einbrachten als »der übersinnlichste Mann der Welt«. Die Meinung der Wissenschaft über Stepanek blieb nichtsdestoweniger kontrovers.

Zum eindrucksvollsten auf diesem Gebiet gehört aber

unzweifelhaft eine Reihe von Versuchen, die Russell Targ und Harold Puthoff, zwei Physiker am Stanford Research Institute, in den 70er Jahren mit einer besonderen Form des Hellsehens durchführten, die sie »remote viewing« nannten – »Fernwahrnehmung«.

»Wir fanden heraus«, so Russell Targ, »daß viele Individuen in der Lage sind, genau zu beschreiben, was an einem entfernten Ort vor sich geht. Als Physiker muß ich sagen, daß unser Geist nicht länger durch die Parameter des Körpers begrenzt zu sein scheint. Das Bewußtsein der Person ist fähig, die Grenzen von Raum und Zeit zu überschreiten, um zu beschreiben, was Hunderte oder Tausende von Meilen entfernt vor sich geht, oder Stunden und Tage in der Zukunft geschehen wird.«

Das Stanford Research Institute, kurz: SRI, ist eine der größten wissenschaftlichen Einrichtungen der USA, die jährlich Hunderte von privaten und öffentlichen Forschungsprojekten durchführt. Targ und Puthoff begannen hier ihre ersten Versuche im Jahre 1973 mit dem übersinnlich begabten Polizeikommissar Pat Price. Ein typisches Experiment lief folgendermaßen ab: Während Targ mit Price im Laboratorium zurückblieb, begab sich Puthoff mit einem Kollegen an einen unbekannten Ort. Zu einer vorher genau festgelegten Zeit versuchte Price, ihn zu lokalisieren. Er saß dabei in einem elektrisch abgeschirmten Käfig, der Funkkontakt unmöglich machte. Außerdem war immer ein unparteiischer Zeuge dabei. Alle Aussagen von Price wurden dokumentiert.

»Sie scheinen sich hoch oben in einem Turm zu befinden«, sagte Price in einem der Experimente. »Ich sehe rot – da sind rote Dächer, Dachziegel und ein Ziegelfußboden. Nun gehen sie durch Kolonnaden. Es scheint ein Gebäude zu sein, das alleine steht. Eine Bibliothek, ein Museum vielleicht. Könnte es der Hoover Tower auf dem Gelände der Stanford University sein?«

Die Aussage war zutreffend. Puthoff war tatsächlich auf

die Spitze des Hoover Tower gestiegen. Unter ihm befanden sich die roten Dächer und die roten Ziegel, die Pat Price beschrieben hatte. Er erkannte auch richtig die Kolonnaden und die Tatsache, daß der Turm eine Bibliothek und ein Museum beherbergt. Aber hätte das nicht auch ein glücklicher Zufall sein können? Hoover Tower war einer von sechzig möglichen Zielorten, deren Namen im Büro des Laboratoriumsdirektors eingeschlossen waren. Ein Computer lieferte eine Zufallszahl und der ihr entsprechende Umschlag wurde ausgewählt. In einem anderen Experiment war der Zielort ein nahegelegener Naturpark.

»Ich sehe Bilder von sich kreuzenden Wegen«, sagte Price. »Wir kommen näher. Es sieht aus wie eine Kreuzung. Ich habe den Eindruck einer parkartigen Umgebung mit geometrisch angelegten Kreuzwegen.« Ein Volltreffer. Auffällig ist, daß das von Price beschriebene Bild einer Luftaufnahme entspricht. Ein anderer Zielort war ein Schwimmbad, und Price sagte: »Ich habe den Eindruck einer Wasseraufbereitungsanlage. Ich sehe große Wasserbehälter, und da ist eine Straße . . .«

Targ war von der Genauigkeit, mit der Price seine Aussagen machte, überrascht. Im Falle des Schwimmbadkomplexes beschrieb er die Größenverhältnisse der Schwimmbecken mit einer nur zehnprozentigen Abweichung von der tatsächlichen Größe. »Als er die verschiedenen Orte beschrieb«, erzählt Russel Targ, »da war es, als ob er sich aus einer großen Höhe rasch auf den Zielort herunterbewegte. Er suchte sozusagen die Umgebung aus der Luft nach den Leuten ab, die er finden sollte und beschrieb dann das, was sie ansehen. Es war aber nicht so, als ob er ihre Gedanken lesen würde, denn häufig beschrieb er Objekte am Zielort, die von den Versuchspersonen überhaupt nicht gesehen wurden.«

Das vierte Experiment nahm der Laboratoriumsleiter selbst in die Hand. Um festzustellen, ob nicht doch ein verborgener Fehler in der Versuchsanordnung vorhanden oder sogar Betrug im Spiel war, fuhr er gemeinsam mit Puthoff vom SRI ohne ein bestimmtes Ziel fort. Er entschied sich, nach Westen zu fahren, änderte aber nach fünf Minuten seine Meinung und fuhr in die entgegengesetzte Richtung. Und dann änderte er ganz spontan immer wieder seine Richtung, bis er schließlich die Fahrt an einem etwa acht Kilometer entfernten kleinen Yachthafen beendete. Als Pat Price gefragt wurde, ob er den Zielort beschreiben könne, sagte er: »Ich sehe einen Hafen, einen Yachthafen. Viele kleine Boote, Motorboote, Segelboote. Einige Segel sind aufgerollt. Ja, ein Yachthafen . . .«

Nachdem neun solcher Fernwahrnehmungsexperimente durchgeführt waren, ließen Targ und Puthoff die Ergebnisse von unabhängigen Gutachtern nachprüfen. Sie besuchten alle möglichen Zielorte mit den Sitzungsprotokollen, die die Aussagen von Price enthielten, und sollten diejenigen auswählen, wo sie die größte Übereinstimmung feststellten. In sieben von neun Fällen wählten die Gutachter an Hand der Beschreibung den richtigen Zielort.

Diese Ergebnisse erscheinen überzeugend, aber sie sind auch in Frage gestellt worden. Einer der Kritiker ist Dr. David Marks, ein Psychologe aus Neuseeland, der selbst – ohne Ergebnis – Fernwahrnehmungsexperimente durchgeführt hat. David Marks ist zu dem Schluß gekommen, daß es sich bei den Targ-Puthoff-Experimenten um eine große Illusion handelt. Nicht auf Grund der Versuchsdurchführung, sondern wegen des mangelhaften Beurteilungsverfahrens.

»Ich habe herausgefunden«, so sagt er, »daß sich in den Abschriften alle möglichen Hinweise finden – zum Beispiel Datumsangaben, Zeiten, Bezugnahmen auf Experimente, die früher am gleichen Tag durchgeführt wurden und so weiter. Es hat sich auch herausgestellt, daß die Liste der Zielorte für die Price-Experimente dem Gutachter in genau der richtigen Reihenfolge ausgehändigt wurde, so daß es möglich war, diese Informationen zu kombinieren und allein dadurch eine Übereinstimmung mit den Zielorten zu erreichen.«

Aber haben die Gutachter tatsächlich diese Hinweise für ihre Zuordnungen verwendet? Charles Tart, Psychologieprofessor in Kalifornien, ist nicht dieser Meinung: »Wenn man sich mit gesundem Menschenverstand die Aussagen der Experimente ansieht, dann erscheinen diese Hinweise belanglos. Wenn die Versuchsperson sagte: ›Ich sehe viele kleine Boote, es ist ein Yachthafen‹, und der Zielort tatsächlich ein Yachthafen war, dann braucht man nicht nach kleinen Hinweisen zu fahnden, die etwa sagen: das muß an einem Nachmittag gewesen sein, und mindestens der vierte Durchgang einer Serie. Sie wissen dann auch so, worum es geht. Die außersinnliche Wahrnehmung ist überzeugend.«

Nichtsdestoweniger führte Tart einen Versuch durch, um die Gültigkeit der Kritik von Marks zu überprüfen. Er tilgte aus den Protokollen alle Hinweise, die Marks bemängelt hatte, numerierte sie in veränderter Reihenfolge, und ließ sie dann von einem weiteren Gutachter den Zielorten zuordnen. Das Resultat war das gleiche wie zuvor: Price lag bei sieben Zielorten genau richtig.

David Marks gab sich aber dadurch nicht geschlagen: »Tarts Gutachter könnte an das Buch herangekommen sein, das Targ und Puthoff veröffentlicht haben, in dem vier Protokolle aus den Price-Experimenten abgedruckt sind. Auf diese Weise hätte er, indem er einfach im Buch nachschlägt, die Zielorte mit den Protokollen in Übereinstimmung bringen können. Was noch hinzukommt – die Überarbeitung ist von Charles Tart vorgenommen, der auch mit Targ und Puthoff zusammengearbeitet hat, und daher kann man dieser Art von Überarbeitung nicht vertrauen, denn er ist offensichtlich voreingenommen.«

Für Tart ist dies kein überraschender Vorwurf. »Die

Wissenschaftler nennen so etwas ein ›ad-hominem-Argument‹. Es ist ein großes Kompliment, denn es bedeutet, daß deine Arbeit so offensichtlich richtig ist, daß die Kritiker nur noch deine Ehrlichkeit in Frage stellen können. Ich fühle mich geschmeichelt und geehrt.«

Russell Targ hat für seine Kritiker eine drastischere Antwort parat: »Es gibt keine Möglichkeit, sich mit Leuten zu verständigen, die nicht wissen wollen. Die Kritiker, die unsere Arbeit interessant genug fanden, um zu uns ins Labor zu kommen, baten wir, an solchen Experimenten teilzunehmen und die Fernwahrnehmung selbst auszuprobieren. Häufig war die Beschreibung der Zielorte durch diese Leute sehr genau, und die Erfahrung, erfolgreich übersinnliche Eindrücke empfangen zu haben, hat auch skeptische Menschen veranlaßt, ihre Meinung zu ändern.«

Andere Wissenschaftler haben, unabhängig von Targ und Puthoff, ebenfalls Fernwahrnehmungsexperimente durchgeführt. Die Physikerin Dr. Elizabeth Rauscher hat in sechs von acht Untersuchungen die Ergebnisse der SRI-Forscher bestätigt. Dr. Marilyn Schlitz war mit 26 Jahren eine der jüngsten Parapsychologinnen, als sie 1979 einen Versuch über eine Distanz von mehr als 8000 Kilometern durchführte. Während ein Freund von ihr, der Parapsychologe Dr. Elmar Gruber, jeden Tag um die Mittagszeit in Rom einen von vierzig möglichen Zielorten besuchte, versuchte sie diesen von ihrem Labor in Amerika aus »fernzusehen«. Bei zehn Versuchsdurchgängen hatte sie sechs Volltreffer. Ist damit ASW bewiesen?

»Wenn eine Reihe von Menschen«, so meint Marilyn Schlitz, »in verschiedenen Laboratorien diese Ergebnisse erhalten können, dann muß man ihnen Glaubwürdigkeit einräumen. Ich habe herausgefunden, daß von 28 Fernwahrnehmungsuntersuchungen, die veröffentlicht wurden, mehr als die Hälfte als erfolgreich anzusehen sind. Ich glaube, daß wir sehr gutes Beweismaterial haben, das die Fernwahrnehmungshypothese unterstützt.«

Dieser Meinung scheinen auch die Geheimdienste zu sein. Es gibt wohl kaum einen Bereich, in den der Mensch soviel Aufwand und Intelligenz investiert hat wie in den der Waffentechnik. Und es wäre geradezu ein Wunder, wenn die PSI-Phänomene, wenn Hellsehen, Telepathie und Psychokinese nicht auch das Interesse von Militär und Geheimdienst auf sich gezogen hätten. Natürlich ist dieser Bereich der PSI-Forschung streng geheim, und die Beteiligten sind nicht besonders auskunftsfreudig. Dies gilt auch für Russell Targ, der die Frage nach der Finanzierung seiner Experimente ausweichend damit beantwortet, es seien verschiedene private und »staatliche« Quellen gewesen.

Das SRI wollte darüber ebenfalls keine Auskunft geben. Aus einigen Veröffentlichungen geht allerdings hervor, daß man an einer außergewöhnlichen Abart der Fernwahrnehmung gearbeitet hat.

Man nannte es »Project Scanate«, und daran beteiligt waren unter anderem Pat Price, der Polizist, Ingo Swan, ein Künstler aus New York, und die Fotografin Hella Hammid. »Scanate« ist die Abkürzung für »Scanning by coordinate«, was soviel bedeutet wie Abtastung oder Suche an Hand von Koordinaten. Unter Benutzung der Längen- und Breitengrade versuchte man zu sehen, was an irgendeinem Ort auf der Welt vor sich geht. Nur wenige dieser Experimente wurden veröffentlicht.

In einem davon stellte man Ingo Swan die Frage: »Was sehen Sie bei 49° 20' Süd, 70° 40' Ost?« Dies sind die Koordinaten einer kleinen Insel im Indischen Ozean, der Insel Kerguelen. Swan fertigte daraufhin eine Zeichnung an, die eine Insel mit Buchten, Sumpfland und einem hohen Berg im Westen zeigte. Hella Hammid, die an diesem Projekt beteiligt war, beantwortet einen naheliegenden Einwand.

»Wenn man sich ein bißchen in Geografie auskennt«, meint sie, »dann weiß man natürlich, daß das irgendwo im

Indischen Ozean liegen muß. Aber die Koordinaten wurden zum Teil auch in binäre Zahlen umgewandelt – also in Nullen und Einer – und unter dieser Voraussetzung funktionierte es sogar noch besser. Wenn ich Koordinaten bekam, fing ich nämlich an nachzudenken – das könnte zum Beispiel irgendwo in der Sahara liegen und da muß es trocken sein und so weiter – und das verstopfte irgendwie den Kanal, durch den ich die richtigen Informationen bekam. Darüber nachzudenken ist das schlimmste, was man dabei tun kann.«

Die militärischen Möglichkeiten dieses Projekts müssen den Amerikanern spätestens dann aufgefallen sein, als Ingo Swan anhand der Koordinaten eines geheimen Armeestützpunktes einen in allen wesentlichen Details korrekten Lageplan zeichnete. Haben sie also auch den Russen nachspioniert?

In einem der Experimente jedenfalls war das Ziel ein kleines russisches Dorf namens Kamenka in der Nähe von Gorky. Es ist ein Zentrum der holzverarbeitenden Industrie, und dementsprechend findet man dort viele Holzstöße. Keith Harary fertigte eine Zeichnung an, die einen Hügel und Gebäude, umgeben von Baumstämmen, zeigt. Aber – haben sie auch militärische Einrichtungen angepeilt?

Nun – in Washington hat zumindest der Vorsitzende eines Ausschusses über Geheimdienstaktivitäten die Arbeit des Stanford Research Institute verteidigt – mit dem Argument, daß die Ergebnisse von Militärsatelliten bestätigt wurden: »Wenn die Ergebnisse falsch waren, dann ist unser Sicherheitssystem nicht in Ordnung. Was diese Leute ›sahen‹, wurde durch Luftaufnahmen bestätigt. Eine Täuschung ist ausgeschlossen.«

Aber wozu braucht man überhaupt noch Fernwahrnehmung, wenn man Spionagesatelliten hat, die Objekte von weniger als einem Meter Länge abbilden können?

»In gewisser Hinsicht«, meint Hella Hammid, »kann

man mit außersinnlicher Wahrnehmung doch mehr erreichen als mit Satelliten – man kann zum Beispiel in Häuser hineinsehen.«

Ist ihr das schon einmal gelungen?

»Ja«, meint sie.

So, als ob man durchs Dach hindurchschaut?

»Wer weiß, wo hindurch. Vielleicht auch durch den Keller.«

Und man kann sehen, was sich im Innern abspielt?

»Ja, solche Experimente wurden gemacht.«

Welche Details konnte man sehen?

»Pat Price konnte lesen, das kann ich nicht. Ich bin sozusagen ein hellseherischer Analphabet.«

Das heißt, sie konnte keine Worte oder Dokumente lesen?

»Nein.«

Aber Pat Price konnte das?

»Ich denke schon«, sagt sie.

Es war nicht möglich, nachzuweisen, welche Erfolge Pat Price und die anderen wirklich erzielt haben – ausführliche Dokumente darüber sind nicht veröffentlicht worden. Aber es ist bekannt, daß Harold Puthoff die Untersuchungen am Stanford Research Institute weitergeführt hat – und die Veröffentlichung der Ergebnisse wurde eingestellt.

»Die militärische Erforschung von außersinnlicher Wahrnehmung ist für das militärische Gleichgewicht wohl unumgänglich, meint der Psychologe Charles Tart. »Trotzdem hoffe ich, daß man eines Tages vernünftig wird und in der Parapsychologie offene Untersuchungen durchgeführt werden, von Forschern, die eine humanistische Orientierung haben, so daß man einen möglichen Mißbrauch dieser Entwicklungen ausgleichen kann.«

Die Fernwahrnehmungsexperimente gehören mit zum eindrucksvollsten, was auf dem Gebiet des Hellsehens bislang dokumentiert wurde. Und wenn man nicht annehmen will, daß es sich hier um eine gigantische weltweite Verschwörung der Parapsychologen handelt, kann man sie durchaus als einen Nachweis für außersinnliche Wahrnehmung betrachten. Das Problem bei diesen Phänomenen besteht allerdings darin, daß sie unzuverlässig und schwer zu reproduzieren sind, und daß es derzeit zwar einige Hypothesen, aber keine stichhaltige Erklärung dafür gibt. Wir wissen, daß unser Körper elektromagnetische Wellen ausstrahlt, und daß man aus der Struktur dieser Wellen auch Informationen über unseren körperlich-seelischen Zustand beziehen kann. Und wenn wir solche Wellen ausstrahlen, sollten wir dann nicht vielleicht auch imstande sein, sie zu empfangen? Dies mag möglich sein, aber für die Fernwahrnehmung bietet es keine Erklärung. Die Experimente waren auch erfolgreich, wenn die Versuchsperson sich in einem Faradayschen Käfig oder in einem U-Boot unter Wasser befand. Dadurch werden elektromagnetische Wellen abgeschirmt – bis auf ganz extreme Wellenlängen, bei denen aber nicht klar ist, wie der menschliche Körper sie produzieren sollte.

Elektromagnetische Wellen scheiden demnach als Träger der außersinnlichen Wahrnehmung wohl weitgehend aus. Aber was ist es dann? Vielleicht doch nur eine »Illusion«, wie David Marks vermutete?

Man kann es niemandem, der es nicht selbst miterlebt hat, verübeln, wenn er diesen Dingen skeptisch gegenübersteht. So ging es wohl auch dem Fernsehteam der BBC, das Targ für einen Film über PSI-Phänomene interviewte, und man bat ihn um eine Live-Demonstration.

Man hatte dazu sechs Umschläge mit den Namen von sechs verschiedenen Plätzen in San Francisco vorbereitet. Um 9.30 Uhr wählte man einen davon durch Würfeln aus. Um 10 Uhr begab sich Sonja Leadlay von der BBC mit dem SRI-Mitarbeiter Keith Harary an den ausgewählten Ort. Die sechs möglichen Orte waren: St. Marys

Cathedral, Säulen an einem See, ein Supermarkt, ein Walskelett in einem Museum, ein moderner Springbrunnen und ein Segelschiff im Hafen.

Versuchsperson in diesem Experiment war die Fotografin Hella Hammid, mit der Russel Targ eine ganze Reihe von Fernwahrnehmungsversuchen gemacht hat. In seinem Beisein begann sie 10.10 Uhr mit ihrer Beschreibung des Zielortes.

»Ich habe schon seit einiger Zeit den Eindruck eines sehr schmalen Lichtstreifens in der Mitte eines dunklen Feldes«, sagte sie. »Es ist sehr geometrisch . . . es ist eine Art Diagonale aus Holz, hellem Holz, es ist beige . . . und dann ist da eine Mauer aus großen Steinen oder einem anderen strukturierten Material . . .«

Russel Targ bittet sie, sich von der Mauer zu entfernen und sich etwas umzusehen. Was machen die Zielpersonen gerade?

»Sie scheinen sich ein kleines Detail von etwas anzusehen . . . so als hätten sie etwas vom Boden aufgehoben und schauen es an . . . ich habe so ein Gefühl von Betrachtung aus der Nähe . . .«

Russel Targ fragt Hella Hammid, ob sie sich etwas in die Luft erheben und von oben auf den Zielort herunterblicken könnte, um die Umrisse vielleicht eines Gebäudes zu erkennen.

»Ein bebautes Grundstück«, sagt sie. »Es hat lange Mauern ohne Fenster und vielleicht in der Mitte einen Eingang . . . die Mauern sind dick, ähnlich wie bei einer Festung . . . es hat etwas von einer Grabstätte, einem Mausoleum . . . es ist irgendwie still. Ich habe den Eindruck, daß es etwas ist, was nicht mehr benutzt wird. Ein massiver Ort. Auch innen ist keine Aktivität zu spüren. Es ist wie ein Museum. Es ist kein Ort, an dem ich mich gerne für längere Zeit aufhalten möchte.«

Welches also war der Zielort? Der Fall der Würfel hatte das Walskelett in einem Museum ausgewählt. Hella

Hammid sagte »Museum«. Sie sprach auch von dicken, fensterlosen Mauern. Wie sich herausstellte, hielt das Museum das Skelett verschlossen. Seit einigen Jahren war es der Öffentlichkeit nicht mehr zugänglich. »Es wird nicht mehr benutzt«, sagte Hella Hammid. Das Walskelett selbst beschrieb sie nicht, aber sie sagte: »Mausoleum«. Sie sprach auch von »Betrachtung aus der Nähe«. Sonja Leadlay hatte in der Tat einen Stein aufgehoben und betrachtet. Und auch die Beschreibung des Ortes als festungsähnliches Bauwerk erscheint zutreffend, vor allem, wenn man es aus der Luft betrachtet. Die vollständigen Protokolle des Experiments wurden zwei unabhängigen Gutachtern übergeben, die alle sechs möglichen Zielorte besuchten. Sie stuften das Museum als den Ort ein, bei dem die Übereinstimmung mit den Aussagen am deutlichsten war.

Die Ergebnisse sind auch in diesem Experiment nicht von der Hand zu weisen. Es wurden offenbar bildhafte Eindrücke übertragen, aber auch Gefühle und Handlungen – eine Mischung also aus Hellsehen und Telepathie? Die Grenzen zwischen diesen beiden Formen der außersinnlichen Wahrnehmung sind schwer zu ziehen.

Dies gilt auch für die »Psychometrie« oder »Psychoskopie« – das Lesen von Informationen aus Gegenständen, einem Armband beispielweise oder einem Ohrring, einer Halskette oder einer Taschenuhr. Einer, der für diese Art von ASW eine besondere Begabung hat, ist Dr. Peter Nelson, ein amerikanischer Psychologe und Neurophysiologe. In einem Experiment, das wir vor einigen Jahren filmten, nahm Peter Nelson aus einer Reihe verschiedener Gegenstände, die wir ihm mitgebracht hatten, eine Halskette mit einem Anhänger, konzentrierte sich mit geschlossenen Augen darauf und erzählte dazu folgende Geschichte:

»Als erstes muß ich sagen – ich empfange nur Eindrükke, Bilder, Empfindungen – und ich gebe sie einfach wieder. Ich versuche nicht, sie zu interpretieren oder ihnen einen Sinn zu geben. Manchmal erscheint das, was dabei herauskommt, der betreffenden Person unwichtig, manchmal erscheint es ihr wichtig. Ich mache das jetzt einfach mal, und wir wollen sehen, was dabei herauskommt.

Das erste Bild, das mir in den Sinn kommt, ist eine Frau, die mir den Rücken zudreht. Sie hat rötlichbraunes Haar, das sich unten nach außen wellt, sehr sorgfältig frisiert. Was mir als nächstes auffällt – ich kann ihr Gesicht nicht sehen, aber ich fühle, daß sie sich Sorgen macht wegen einer Entscheidung, die sie treffen muß. Sie hält das geheim, man sieht ihr nicht an, daß sie dieses Problem hat, sie verbirgt es sehr sorgfältig.

In einiger Entfernung sehe ich noch einen Jungen, den sie anschaut, und ich denke, er hat etwas mit der Entscheidung zu tun, die sie treffen muß. Und dann empfange ich noch den Eindruck, daß sie sich mit einem Mann treffen wird und dieses Treffen bedeutet Ärger, und sie weiß noch nicht genau, was sie sagen wird oder sagen muß. Offenbar kann sie sich nicht so recht entscheiden, was sie sagen soll.

Also – ich weiß nicht, in welchem zeitlichen Rahmen sich das abspielt, aber ich denke, es ist irgendwann in der Vergangenheit. Diese Frau strahlt große Entschlossenheit aus, aber gleichzeitig bringt sie das, was sie tun möchte, in einen unlösbaren Konflikt, es ist eine Art von innerem Hin- und Hergerissensein zwischen zwei Dingen. Aber sie will dieses Problem mit niemandem teilen. Es sieht so aus, als ob diese beiden Dinge – einmal der Junge, und dann ihr Gespräch mit diesem Mann – etwas miteinander zu tun haben, und daß es dabei um eine Art Wahl geht. Ich weiß nicht genau, worum es sich handelt – ich empfange eher die Stimmung, in der sie sich befindet.«

Ich fragte Peter Nelson, ob er das Alter des Jungen bestimmen könnte.

»Nicht sehr genau«, sagte er. Er erscheint jung, zwischen zehn und vierzehn. Aber ich sehe ihn nicht klar, ich spüre eher seine Anwesenheit. Ich weiß nur, daß er ein Junge ist und kein Erwachsener, da bin ich mir sicher.«

Ob er sagen könnte, wer der Besitzer der Kette sei, ein Mann oder eine Frau, wollte ich wissen. Peter Nelson verneinte.

»So etwas weiß ich nie – ich befasse mich nur mit den Bildern und Gefühlen, die in mir aufsteigen. Sie könnte jedem gehören, und die Person, die ich beschreibe, kann eine große Bedeutung haben für die Person, der die Kette gehört – muß aber nicht diese Person sein. Normalerweise sage ich den Leuten in so einer Situation, was ich sehe, und sie ergänzen das. Sie sagen beispielsweise, das könnte meine Frau sein, oder meine Mutter oder die Frau meines Freundes, und so läuft das weiter. Aber warum ich das empfange, was ich empfange – das weiß ich nicht.«

Die Halskette gehörte dem Kameramann, der die Szene filmte. Aber Peter Nelsons Schilderung traf nicht auf ihn selbst zu, sondern auf seine Frau. Wir baten sie um einen Kommentar.

»Ich erkenne mich in dieser Beschreibung ganz exakt wieder«, sagte sie, »und es ist verblüffend, wie exakt Peter Nelson das beschreibt. Ich hatte damals eine Entscheidung zwischen zwei Männern zu treffen, für den einen und gegen den anderen. Und es war eine für mich sehr wichtige Entscheidung, weil es auch ein wichtiges Stück in meinem Leben war.«

Und sie hat diese Entscheidung geheimgehalten und mit niemandem darüber gesprochen?

»Nein, ich habe versucht, diese Entscheidung für mich alleine zu treffen. Und es war die wesentlichste Entscheidung in meinem Leben.«

Und dann ist da von einem Jungen die Rede – Peter Nelson sagte, er wäre damals zehn bis vierzehn Jahre alt gewesen. Das sei ihr Sohn gewesen, bestätigt sie, der damals dreizehneinhalb Jahre alt war. Auch ihre damalige

Frisur entsprach, wie auf einem alten Foto zu sehen war, Peter Nelsons Beschreibung.

Die Information, die Peter Nelson aus der Halskette »herausgelesen« hatte, war also zutreffend. Aber sie bezog sich nicht auf den Träger der Kette, sondern auf dessen Frau, die während des Experiments nicht anwesend war. Und das beschriebene Ereignis hatte stattgefunden, bevor die Halskette gekauft wurde. Psychometrie um drei Ecken – aber dafür immerhin erstaunlich präzise. Es bleibt reichlich Raum für Interpretationen. Diente die Kette nur als Auslöser, um eine telepathische Verbindung zu schaffen? Wo war die Information, die hier abgerufen wurde, gespeichert? Fragen, die sich derzeit nicht schlüssig beantworten lassen. Aber wie auch immer – Psychometrie, was auch immer das sein mag, ist offenbar möglich. Peter Nelson hat uns noch weitere Demonstrationen geliefert, die überzeugend waren.

Auf Grund unserer Erfahrungen und Recherchen neige ich inzwischen dazu, die Möglichkeit von außersinnlicher Wahrnehmung, zumindest von Hellsehen und Gedankenübertragung, zu akzeptieren. Und zwar nicht als ein Privileg weniger Auserwählter, sondern als eine Fähigkeit, über die im Prinzip alle Menschen verfügen – wenn auch in unterschiedlichem Ausmaß. So etwa, wiewohl jeder Mensch imstande ist, ein Lied zu singen, aber nicht jeder ein Caruso ist oder eine Callas.

Skeptischer bin ich allerdings in bezug auf die dritte Art der ASW – die Zukunftsvorausschau oder »Präkognition«.

Kapitel 9

Botschaften aus dem Morgenland

Präkognition: Aussicht auf die Zukunft oder Einsicht in die Gegenwart?

Kristall und Kaffeesatz – Projektionsflächen für die Psyche? / Den einen wird's im Schlaf geschenkt, die anderen müssen's ausbaden: Träume von der Zukunft / »Weißt du, wie die Aktien stehen?«: Präkognitive Börsenspekulation / »Pecognitive Remote Viewing«: Die Zukunft erschafft sich ihre Gegenwart / »Denn was der Mensch sät«: die Gegenwart gestaltet ihre Zukunft.

Man schaut hinauf zu den Sternen oder hinunter in den Kaffeesatz, liest im Orakelbuch oder läßt sich lesen – aus der Hand nämlich: um dem Schicksal in die Karten zu schauen.

Den Wunsch, zu wissen, was in der Zukunft auf ihn zukommt, hegt der Mensch vermutlich schon seit er zu denken begann, und Methoden der Zukunftsschau gibt und gab es in allen möglichen und unmöglichen Variationen.

Die Sternenschau wurde bereits in der Steinzeit betrieben – Baudenkmäler, wie zum Beispiel der Steinkreis von Stonehenge, lassen jedenfalls darauf schließen. »Astromantie« nannten es die alten Griechen: »manteia« hieß bei ihnen die Kunst des Wahrsagens.

Die »Äromantie« richtete sich nach der Form der Wolken und die »Arithomantie« nach dem Zahlenwert der Buchstaben eines Namens. Die »Hippomantie« versuchte, aus dem Stampfen und Wiehern von Pferden ihre Schlüsse zu ziehen, und die »Keromantie« aus den Formen, die tropfendes Wachs im Wasser bildet. Die »Ooskopie« betrachtete die Eier, und die »Orneomantie« den Flug der Vögel. Bei der »Rapsodomantie« fand man die

Wahrheit in unabsichtlich und scheinbar zufällig ausgewählten Versen, und bei der »Tyromantie« suchte man sie im Käse: wenn es nämlich darum ging, Schuld oder Unschuld eines Angeklagten zu bestimmen. Konnte er in einer vorgegebenen Zeit eine vorgegebene Menge Brot und Käse essen, galt er als unschuldig – wenn er etwas übrigließ als schuldig. Vielleicht liegt hier die Wurzel jenes unseligen Zwangs, den Teller leerzuessen, unter dem auch heute noch so manches Kind zu leiden hat.

Berühmt geblieben sind bis heute auch die griechischen Weissagungsstätten, in denen Priesterinnen in Trance oft hinterhältig-doppelsinnige Sprüche zum besten gaben. Das Orakel von Delphi beispielsweise, von dem Ödipus erfuhr, daß er seinen Vater töten und seine Mutter heiraten werde. Er verließ daraufhin sein Elternhaus und zog in die Fremde, geriet unterwegs mit einem Mann in Streit und erschlug ihn, löste das Rätsel der Sphinx und durfte zur Belohnung die Königin von Theben heiraten. Dummerweise waren seine Eltern nur seine Pflegeeltern, der Mann, den er erschlug, sein wirklicher Vater, und die Königin von Theben seine leibliche Mutter. Das Orakel hatte recht behalten – aber es hatte auch das ganze Drama erst ins Rollen gebracht. Ein frühes Beispiel für »selffulfilling prophecy«: eine Prophezeihung, die deshalb eintritt, weil sie gemacht wurde, also weil die Beteiligten sie, durch ihr Wissen darüber, bewußt oder unbewußt in die Tat umsetzen. Dieser Mechanismus steckt hinter den meisten zutreffenden Zukunftsprognosen. In welchem Ausmaß unser Glaube oder unsere Vorstellungskraft auf die Dinge einwirken kann, haben wir in den vergangenen Kapiteln wohl deutlich genug dargestellt.

Was aber steckt außerdem hinter den Zukunftsprognosen? Wenn überhaupt etwas dahintersteckt? Woher weiß der Kaffeesatz, was kommen wird? Weiß er es überhaupt? Oder ist er vielleicht nur eine Projektionsfläche für die Zukunftsvorstellungen derjenigen, die ihn lesen? »Kristallkugeln, Kaffeesatz, Handlinien, Karten«, so schrieb der Parapsychologe Dr. Elmar Gruber, »solche zufälligen Arrangements und Projektionsflächen für im Innern aufsteigende Bilder sind sehr dazu angetan, der PSI-Information zum Vorschein zu verhelfen. Durch eine Kristallkugel etwa kann sich unbewußt vorhandenes Material aus außersinnlichen Eindrücken leichter zu bewußten Bildern formen (durch die Projektion) als ohne solches Hilfsmittel. Die Wahrsageinstrumente sind in gewissem Sinne Brücken, die eine Verbindung zum Unbewußten erleichtern.«

So wäre also ASW die Mutter der Wahrsagerei: der Mensch sieht die Zukunft voraus und projiziert sie bildlich in die diffusen Strukturen von Wachs oder Wolken oder was auch immer. Aber hat der Mensch überhaupt diese Fähigkeit, die die Parapsychologen »Präkognition« nennen, nach dem lateinischen »prae«: voraus, und »cognoscere«: erkennen, die Fähigkeit, Informationen über zukünftige Ereignisse auf dem Weg einer außersinnlichen Wahrnehmung zu erhalten?

Aus der Geschichte sind etliche Fälle von Präkognition bekannt, die meist mit Trance und Traumschlaf zu tun hatten, Zustände also, die ASW begünstigen. Der Römer Cicero meinte schon im ersten Jahrhundert vor Christus, im Traum werde »die Vergangenheit lebendig, die Gegenwart genau erkannt und die Zukunft vorhergesehen«.

In Ciceros Lebenszeit fiel die Ermordung Julius Cäsars, die dessen Gattin Calpurnia im Traum vorhergesehen hatte. Fast 2000 Jahre später, im Juni 1914, träumte Ferdinand von Lanyi die Ermordung des Erzherzogs Franz Josef voraus, die zum Ausbruch des Ersten Weltkriegs führte. Aber handelte es sich hierbei wirklich um Präkognition? Oder wurden vielleicht die Gedanken der Mörder gelesen, die ihre Mordpläne schmiedeten oder bereits geschmiedet hatten – Telepathie also statt Präkognition?

Nach einem philosophischen Prinzip, das nach Wilhelm von Ockham (1285 bis 1349), einem englischen Philosophen, »Ockhams Rasiermesser« genannt wird, soll man die einfachere Erklärung im Zweifelsfall der komplizierteren vorziehen. Und die einfachere wäre wohl: Telepathie. Oder Hellsehen – im Beispiel jener Fälle, wo Unglücke und Katastrophen vorausgesagt wurden. Weniger leicht läßt sich dies im Fall jener Träume entscheiden, die der deutsche Parapsychologe Professor Hans Bender dokumentiert hat, Träume, in denen die Schauspielerin Christine Mylius Szenen erlebte, die Jahre später, bei den Dreharbeiten des Films »Nacht fiel über Gotenhafen« Wirklichkeit wurden.

Die Ansichten der Parapsychologen gehen auseinander. Einige ziehen die Hellseh-Hypothese vor, andere sind von der Möglichkeit einer Präkognition überzeugt – Russell Targ zum Beispiel. Er hat nicht nur versucht, Präkognition in Experimenten nachzuweisen, sondern auch sie kommerziell auszuwerten. Vor einigen Jahren hat er das Stanford Research Institute verlassen und, um weitere Forschungsarbeit zu finanzieren, eine Firma mit dem beziehungsreichen Namen »Delphi« gegründet, die mit PSI-Phänomenen Geld verdienen soll. Zum Beispiel, indem durch Fernwahrnehmung Öl-, Gas- oder Mineralvorkommen entdeckt werden. Denn man glaubt ja, damit auch in die Erde hineinsehen zu können – im Gegensatz zu Satelliten – so, wie man im »Project Scanate« in Häuser hineinschaute. Ein anderes Vorhaben von »Delphi« war die Entwicklung von PSI-Videospielen, die mit Psychokinese arbeiten – der Fähigkeit, Materie mit Hilfe geistiger Kräfte zu beeinflussen. Das wichtigste Projekt aber war, nomen est omen, die Anwendung von Präkognition – und zwar an einem Ort, wo es erhebliche Gewinne bringt, wenn man in die Zukunft schauen kann: an der New Yorker Warenbörse. Hier werden Edelmetalle gehandelt, und hier kann man schnell viel Geld verdienen –

oder verlieren. Tony White, der Wirtschaftsexperte von »Delphi«, erklärte, worum es ging: »Wir machen für eine Anzahl privater Investoren Voraussagen auf dem Warenterminmarkt. Wir haben speziell mit Silber gearbeitet, indem wir die Entwicklung des Silberpreises vorhergesagt haben. Dies war recht erfolgreich und versorgte uns mit einem hübschen Einkommen.«

Silber ist relativ billig und hat einen recht unstabilen Preis – eine ideale Ware, um schnelles Geld zu machen. »Delphi« entwickelte ein System, mit dem am Donnerstag vorhergesagt wurde, ob der Silberpreis bis Montag um mehr oder weniger als 25 Cent steigen oder fallen wird. Innerhalb von drei Monaten wurden neun Prognosen abgegeben, die alle richtig waren. Ein erfahrener Warenmakler meinte dazu: »Das Außergewöhnliche an diesen Leuten ist ihre Bereitschaft, nicht nur die Richtung einer Preisveränderung anzugeben, sondern auch die Größenordnung. Eine 25-Cent-Prognose von Donnerstag auf Montag, das bedeutet, wirklich ein großes Risiko einzugehen. Ich kenne keine anderen Leute in diesem Geschäft, die mit ihren Voraussagen so weit gehen würden.«

Und was hält er von der Behauptung, daß sie bei neun Voraussagen neunmal richtig lagen?

»Bei neun Versuchen neunmal ins Schwarze zu treffen, ist sehr ungewöhnlich. Und in diesem Geschäft ist es, gelinde gesagt: unglaublich. Um nicht zu sagen: unmöglich. Ich möchte sehen, wie sie das machen.«

Der Makler, der für »Delphi« arbeitete, bestätigte allerdings die Aussage der Firma anhand seiner Aufzeichnungen: »Ursprünglich wurden neun Vorhersagen ausgesprochen. Von diesen wurden dann sieben in tatsächliche Transaktionen umgewandelt. Alle sieben waren erfolgreich, und auch die beiden Vorhersagen, die nicht in Transaktionen umgesetzt wurden, wären erfolgreich gewesen. Also waren alle Vorhersagen richtig.«

War es möglich, daß »Delphi« den Markt verfolgt und einem allgemeinen Trend gemäß investiert hat?

»Nein«, meinte der Makler, »das kann man nicht sagen. In dem fraglichen Zeitraum war der Markt im allgemeinen in einem Aufwärtstrend. Doch einige der erfolgreichsten Transaktionen wurden tatsächlich mit Kontraktverkäufen erzielt, das heißt, sie haben darauf spekuliert, daß der Preis fallen würde, und sich damit gegen den Trend gestellt.«

Tony White war nicht bereit zu verraten, wie die Prognosen gemacht wurden oder genaue Zahlen zu nennen. Aber er meint, die Gewinne hätten in einem sechsstelligen Bereich gelegen.

Nun kann man sich natürlich streiten, ob hier tatsächlich ein Blick in die Zukunft stattgefunden hat, oder ob es nicht doch ein Blick in die Gegenwart war – auf einer gedanklichen, geistigen Ebene. Der Silberpreis hängt davon ab, ob und wieviele Leute Silber kaufen oder verkaufen – und bevor sie das eine oder andere tun, machen sie sich darüber Gedanken. Und diese Gedanken könnten Targ & Co sozusagen angezapft und daraus ihre Vorhersagen abgeleitet haben. Telepathie wäre wohl auch in diesem Fall die einfachere Erklärung.

Aber wie auch immer diese erfolgreichen Prognosen zustande gekommen sind – nach neun Treffern war es jedenfalls mit einem Mal vorbei. Offenbar ist dies doch nicht ganz der richtige Weg, um auf leichte Art reich zu werden, zumindest nicht für Russell Targ. Und die Frage, ob es Präkognition gibt, läßt sich anhand dieses Beispiels auch nicht schlüssig beantworten. Aber bevor er das Stanford Research Institute verließ, hat Targ eine Reihe von Experimenten mit einer besonderen Form des Hellsehens durchgeführt, die er »precognitive remote viewing« nannte: Fernwahrnehmung zukünftiger Ereignisse.

Hella Hammid war die erste Versuchsperson. Sie sollte

herausfinden, wo Harold Puthoff sich eine halbe Stunde später aufhalten würde.

»Es ist sehr dunkel«, so beschreibt sie ihren Eindruck, »und am Ende kommt man durch einen Torbogen auf einen hellen Platz, wo es viele Pflanzen gibt. Es ist wie ein Rosengarten, aber etwas unnatürlich, künstlich. Eine sehr sorgsam beschnittene, gepflegte Art von Garten.«

Während Hella Hammid diese Beschreibung gab, fuhr Puthoff in seinem Auto ziellos umher. Zu einer vorher festgelegten Zeit, nachdem sie ihre Beschreibung beendet hatte, entschied ein Zufallsgenerator, wohin Puthoff gehen sollte. Man hatte neun Umschläge vorbereitet, die alle numeriert waren und von denen jeder den Namen eines Zielortes enthielt. Der Zufallsgenerator zeigte eine Sechs, und auf dem Zettel in Umschlag Nummer sechs stand: Stanford Hospital Plaza. Als Puthoff dann dort ankam, fand er genau das, was Hella Hammid eine halbe Stunde zuvor beschrieben hatte: einen sehr sorgsam beschnittenen, gepflegten Garten.

Ein weiteres Experiment, einen Tag später.

»Ich hatte den kurzen Eindruck einer spitzen, schwarzen Umrandung«, sagte Hella Hammid, »so ähnlich, wie die Spitze eines Pfeils. Er geht hinein. Es ist eine Art Triangel, ein Dreieck, in das er hineingeht.«

Eine halbe Stunde später fand Puthoff in dem vom Zufallsgenerator ausgewählten Umschlag: »Schaukel im Alma Park«. Die Stützen der Schaukel bildeten ein Dreieck, »in das er hineinging«, um sich auf die Schaukel zu setzen. Die Schaukel quietschte, als er ein wenig hin und her schaukelte. Diesmal hatte Hella Hammid nicht nur in die Zukunft gesehen, sondern auch gehört.

»Da ist so ein rhythmisches Quietschen«, sagte sie, »wie eine rostige Pumpe oder ein nicht richtig geölter Kolben. So ein sehr rhythmisches Quietschen . . .«

Inzwischen haben noch zwei andere Laboratorien eigene erfolgreiche Experimente dieser Art durchgeführt.

»Wir wissen aus unseren Erfahrungen«, meint Russell Targ, »daß Leute in der Lage sind, Ereignisse, die Stunden oder Tage in der Zukunft liegen, genau zu beschreiben. Normalerweise würde man sagen, daß die Versuchsperson im Labor ein Ereignis beschreibt, das in der Zukunft stattfinden wird. Ich denke aber, eine genauere Formulierung wäre es, wenn man sagte, daß das zukünftige Ereignis die Versuchsperson veranlaßt, zu einem früheren Zeitpunkt davon zu erfahren, das heißt, daß ein zukünftiges Ereignis sich seine Vergangenheit erschafft. Das bedeutet natürlich nicht, daß die Zukunft die Vergangenheit verändern kann, aber es ist ganz klar, daß die Zukunft die Vergangenheit beeinflußt. Die Zukunft wird etwas Geschehenes nicht ungeschehen machen. Aber in unseren vielen Versuchen ist deutlich geworden, daß eine Person, die in einem Labor sitzt, eine Erfahrung haben kann, die von einem Ereignis gesteuert und festgelegt wird, das erst später stattfinden wird.«

Das hört sich schon ein bißchen seltsam an. Wenn die Zukunft die Vergangenheit nicht verändert, aber beeinflußt – wie ist das zu verstehen? Keine Veränderung bedeutet: die Zeit läuft nicht rückwärts. Aber Beeinflussung bedeutet: die Zukunft ist in der Gegenwart bereits vorhanden, denn sie kann nichts beeinflussen, wenn sie nicht da ist.

Ich bin da etwas anderer Meinung als Russell Targ, und zwar aus Gründen sprachlicher Logik. Die Zukunft ist definiert als das, was kommen wird, die Gegenwart als das, was schon da ist. Wenn nun aber die Zukunft die Gegenwart beeinflussen oder gar verursachen soll, dann bedeutet dies, daß die Zukunft in der Gegenwart bereits vorhanden sein muß – und dann ist sie keine Zukunft mehr, sondern Gegenwart. Die Zukunft kann also die Gegenwart gar nicht beeinflussen, es sei denn, sie gibt eben die Eigenschaft auf, die sie zur Zukunft macht. Nur die Gegenwart kann die Gegenwart beeinflussen. Aber die Gegenwart von heute kann die Gegenwart von morgen beeinflussen. Und man könnte noch weiter gehen und sagen: es gibt gar keine Zukunft, es kann keine geben. Denn Zukunft ist sie ja nur solange, wie es sie noch nicht gibt – wenn es sie gibt, ist sie automatisch Gegenwart. Und man könnte weiter sagen: es kann auch keine Vergangenheit geben. Denn Vergangenheit ist sie ja erst, wenn es sie nicht mehr gibt, wenn sie nicht mehr da ist. Solange es sie noch gibt, ist sie automatisch Gegenwart. Es gibt also weder Vergangenheit noch Zukunft, sondern nur Gegenwart.

Ich denke, wir kommen hier in eine sprachlich-logische Zwickmühle, die Russell Targs Denkmodell unbrauchbar macht.

Nun könnte man andererseits auf die Idee kommen, daß die Zukunft von der Gegenwart her bereits festgelegt, vorherbestimmt ist, und Hella Hammid im großen Zukunftsplan einfach ein paar Seiten vorgeblättert hat, um nachzuschauen, wohin Puthoff gehen wird. Aber dieser Gedanke führt uns auch zu keinem vernünftigen Ziel.

Wenn die Zukunft vorherbestimmt ist, müßte irgendeine Instanz da sein, die sowohl die Planung übernimmt als auch ihre Ausführung kontrolliert – bis in jedes einzelne Atom hinein. Man müßte also ein Kontrolluniversum annehmen, das mindestens ebensogroß ist wie das unsere, und uns kontrolliert. Und dann erhebt sich als nächstes die Frage: wer kontrolliert das Kontrolluniversum? Und das Kontrolluniversum des Kontrollkontrollieruniversums? Und so weiter. Man kommt in einem solchen Denkmodell nie zu einem Ende und daher ist es sinnlos.

Wir erleben gerade in der Praxis sehr eindrucksvoll, wohin »Planwirtschaft« führt. Und wenn wir uns den Kosmos als ein Planwirtschaftsunternehmen vorstellen, in dem die Zukunft vorherbestimmt ist und alle Individuen – Atome, Lebewesen, Sonnensysteme, Galaxien – nur Marionetten des Schicksals sind, dann sähe dieser Kosmos mit Sicherheit anders aus als der, in dem wir leben. Wohin wir auch schauen, der Augenschein spricht eher gegen eine solche Annahme. Und gerade die Gattung Mensch erweckt den Eindruck, als ob hier das Prinzip des »freien Willens« in einem globalen Modellversuch ausprobiert werden sollte.

Aber ich muß gestehen, daß ich hier voreingenommen bin, da ich nicht an eine vorbestimmte Zukunft glaube.

Gegen die Annahme einer festgelegten Zukunft spricht allerdings auch ein Fall von Präkognition, den Professor Hans Bender dokumentiert hat: ein Paragnost – so nennt man in der Fachsprache jemanden, der über die Fähigkeit zu außersinnlicher Wahrnehmung im Wachzustand verfügt – hatte einem Filmteam vorausgesagt, daß es nach Holland und nicht, wie geplant, nach Ungarn fahren, und daß der Wagen unterwegs durch eine Panne außer Betrieb gesetzt werde. Als in der Tat überraschend der Drehplan geändert und das Team nach Holland geschickt wurde, ließ der Regisseur den Wagen in einer Werkstatt untersuchen – und man fand dabei Mängel, die zu der vorhergesagten Panne hätten führen können. Die Mängel wurden beseitigt, und die Fahrt nach Holland verlief anschließend problemlos.

Es wäre nur dann möglich, die Zukunft exakt vorauszusagen, wenn sie auch vorherbestimmt ist. An eine solche Vorherbestimmung mag ich aus den genannten Gründen nicht glauben. Wenn wir nun aber davon ausgehen, daß das Schicksal beziehungsweise die Zukunft nicht feststeht – was ist Präkognition dann?

Das »Rituale Romanum«, 1614 veröffentlicht als Handbuch der römisch-katholischen Riten und Sakramente, unter anderem den Exorzismus betreffend, nennt sie einfach ein Zeichen dämonischer Besessenheit. Aber dieses »Dämonenkonzept« ist nicht sehr hilfreich, und vor allem verschiebt es das Problem nur auf eine andere

Ebene – nämlich auf die Frage: Woher kennen die »Dämonen« die Zukunft?

Wir wissen andererseits aus praktischer Erfahrung, daß die Zukunft im wesentlichen durch das bestimmt wird, was wir in der Gegenwart veranstalten. Gegenwärtige Ereignisse werfen ihren Schatten voraus. Was morgen geschehen soll, ist zum großen Teil heute schon geplant, ist als Vorhaben in den Köpfen von Menschen bereits Teil der gegenwärtigen Realität. Wenn man nun zum Beispiel durch Telepathie, durch Gedankenlesen Informationen über solche Pläne bezieht, dann könnte man durchaus vorhersagen, was in der Zukunft geschehen wird – vorausgesetzt, daß jene Pläne auch in die Tat umgesetzt werden. Die sogenannte Zukunft kann bereits Gegenwart sein – auf einer geistigen, gedanklichen Ebene, und die Präkognition, die sie beschreibt, erscheint dann nur als eine Schau in die Zukunft – ist aber in Wirklichkeit eine Schau in die Gegenwart.

Noch ein weiterer Aspekt wäre zu bedenken. Wenn wir einmal annehmen, daß Gedanken wirkende Kräfte sind, daß Dinge, wenn sie nur intensiv genug gedacht werden, sich in die Wirklichkeit umsetzen – dann wäre die Vorausschau, die »Präkognition« nur eine »Präcogitation«, ein Vorausdenken. Und wir *sehen* dann nicht, sondern wir *denken* die Zukunft voraus. »Die Zukunft kann nicht vorhergesagt werden«, meinte Dennis Gabor, der Erfinder der Holografie, »aber sie läßt sich erfinden.« Und erfinden heißt: gestalten. »Dir geschieht, wie du glaubst«, hat Jesus von Nazareth immer wieder betont. Und was der Glaube, was die Vorstellungskraft für Wirkungen ausüben kann, das sehen wir ja in diesem Buch an vielen Beispielen deutlich.

Die Zusammenhänge zwischen dem gegenwärtigen Denken und dem zukünftigen Schicksal zu beweisen, ist allerdings nicht leicht. Denn oft folgt die Konsequenz erst so viel später, daß man inzwischen vergessen hat, worin sie ihren Ausgang nahm. Aber schon die bloße Möglichkeit, daß es so sein könnte, läßt es geraten erscheinen, daß wir unsere Vorstellungen und Gedanken nicht negativ auf Chaos und Unglück richten, sondern konstruktiv auf eine positive Zukunft. »Denn«, so heißt es bei Paulus, »was der Mensch sät, das wird er ernten.« Und Gedanken oder Vorstellungen könnte man in diesem Sinne durchaus als eine »Saat des Schicksals« ansehen.

In bezug auf die »Präkognitive Fernwahrnehmung« von Hella Hammid würde eine solche Annahme zu der Hypothese führen, daß sie in dem gezeigten Experiment durch ASW den Inhalt der Umschläge erkannt, sich einen Zielort herausgesucht und dann den Zufallsgenerator durch Psychokinese beeinflußt haben müßte, damit er den entsprechenden Umschlag auswählt. Ob eine solche Hypothese richtig ist, läßt sich zur Zeit kaum mit Gewißheit sagen. Daß aber die Beeinflussung eines Zufallsgenerators durch Psychokinese offenbar möglich ist, hat inzwischen eine ganze Reihe von Experimenten gezeigt.

Kapitel 10
Die Materie gehorcht dem Geist
Psychokinese – Betrug, Wunder oder was sonst?

Geheilte Uhren und verbogenes Besteck: das »Uri-Geller-Fieber« / Da wird selbst eine harte Währung weich: der Schweizer Metallbieger Silvio / Nina Kulagina: rotierende Kompaßnadeln und Eier im Glas / Geistige Filmbelichtung: Ted Serios und seine »Gedankenfotografie« / Helmut Schmidts Zufallsgenerator: endlich ein Beweis? / Polternde Geister oder geisternde Polterer: RSPK-Phänomene.

Im Januar 1974 geriet die Fernsehgemeinde in der Bundesrepublik in Aufregung: kaputte Uhren begannen unversehens wieder zu ticken, und auf geheimnisvolle Weise verbogen sich Gabeln und Löffel, zum Teil ohne berührt zu werden, in ihren Besteckkästen. So jedenfalls berichteten aufgeregte Zuschauer, die beim ZDF anriefen, als der junge Israeli Uri Geller in Wim Thoelkes Fernsehshow »Drei mal Neun« auftrat. Der Effekt, der das von den Zeitungen sogenannte »Uri-Geller-Fieber« hervorrief, wird von den Parapsychologen als »Psychokinese« bezeichnet – vom griechischen »psyche«: die Seele, und »kinisis«: Bewegung, Veränderung – die Veränderung oder Bewegung von Gegenständen durch geistig-seelische Kräfte.

Kritiker haben immer wieder behauptet, daß Uri Gellers spektakuläre Demonstrationen durch Trick und Manipulation zustande kamen, und er hat bei öffentlichen Auftritten möglicherweise ab und zu etwas nachgeholfen. Aber Uri Geller hat Besteckteile auch unter Bedingungen verbogen, die einen Betrug mit an Sicherheit grenzender Wahrscheinlichkeit ausschließen. Eine hundertprozentige Sicherheit gibt es jedoch nicht, kann es nicht geben, hier ebensowenig wie in jedem anderen wissenschaftlichen Experiment. Vor einigen Jahren hatte ich die Gelegenheit zu einem längeren Gespräch mit Uri Geller während eines Mittagessens, und anschließend, sozusagen zum Dessert, verbog er einen Löffel, den der Kellner uns brachte. Geller strich den Löffel nur leicht mit dem Zeigefinger am Stielansatz und legte ihn dann auf den Tisch – und dort liegend verbog der Löffel sich dann weiter bis zu einem annähernd rechten Winkel. Der Löffel verfärbte sich nicht, und er wurde auch nicht heiß, nicht einmal warm. Ich habe Uri Geller natürlich nach einer Erklärung für dieses Phänomen gefragt, aber er konnte mir keine geben. Er sagte nur, daß er sich sehr stark konzentriere und dem Löffel quasi den »Befehl« gäbe, sich zu biegen. Die Erfolge, so meinte er, seien unterschiedlich und hingen sowohl von seiner seelischen wie auch von seiner körperlichen Verfassung ab. Streß ist zum Beispiel ein Faktor, der seine Fähigkeiten blockiert. Auch die Ernährung spielt seiner Ansicht nach eine wichtige Rolle. Er lebt streng vegetarisch und treibt viel Sport. Ein Physiker und ein Chemiker, denen ich später den Löffel zeigte, konnten mir auch keine Erklärung dafür geben, wie diese Verbiegung zustande kam.

Es hat aber mittlerweile eine ganze Reihe von Versuchen und wissenschaftlichen Experimenten mit verschiedenen anderen »Metallbiegern« gegeben, die unter kontrollierten Bedingungen ähnliche Leistungen gezeigt haben wie Geller, und so kann man wohl sagen, daß es sich hier um ein ernstzunehmendes, wenngleich noch unerklärtes Phänomen handelt.

Gelegentlich wird darauf hingewiesen, daß man durch bestimmte Chemikalien, zum Beispiel Quecksilberverbindungen, Metall weich oder spröde machen kann. Dies aber hinterläßt Spuren, die sich feststellen lassen, und man hat bei der Untersuchung der Metallteile nach solchen Experimenten nichts Derartiges gefunden. Man fand aber zum Teil Verhärtungen des Metalls, gelegentlich auch spezifische Veränderungen, wie sie für Hochtemperaturreaktionen charakteristisch sind. Bei einem Versuch, wo das Metall vorher mit radioaktiven Cäsium-Atomen beschossen wurde, zeigte sich nach dem Verbiegungsprozeß eine andere Verteilung des Cäsiums als vorher. Was diese Befunde zu bedeuten haben, ist noch nicht geklärt.

Es wurden Löffel, Gabeln und Schlüssel verbogen. Es wurden dünnere und dickere Metallstreifen verbogen. Es wurden unterschiedliche Metalle verbogen, und sie wurden mit oder ohne Anfassen verbogen. Professor John Hasted vom Birkbeck Kollege in London hat unzählige Experimente durchgeführt, bei denen Metallgegenstände auch aus der Entfernung verbogen wurden. Der französische Metallbieger Jean-Paul Girard hat unter Aufsicht von Dr. Crussard und Dr. Bouvaist Metallstäbe verbogen, die man zuvor in Glasröhren versiegelt hatte.

In den 70er Jahren haben Professor Dr. Hans Bender, der Nestor der deutschen Parapsychologie, und seine Mitarbeiter zahlreiche Experimente mit einem Schweizer namens Silvio durchgeführt, der unter anderem einen Kaffeelöffel verbog, ohne ihn anzufassen. Wir haben einen Ausschnitt aus der Videoaufzeichnung dieses Vorgangs für die Titelsequenz unserer Sendereihe verwendet. Bei anderer Gelegenheit verbog Silvio in einer spontanen Psychokinesedemonstration einen Schweizer Franken. Eberhard Bauer, Diplompsychologe und ehemaliger Mitarbeiter von Professor Bender, war Zeuge dieser Szene, die mit einer Schmalfilmkamera dokumentiert wurde.

»Ich war an einer Reihe von Experimenten oder, besser gesagt, Demonstrationen mit Silvio beteiligt«, erzählte er. »Unter anderem hat er vor meinen Augen eine Metallmünze, einen Schweizer Franken verbogen, den ich vorher mitgebracht hatte, und von dem ich persönlich der Meinung bin, daß er nicht ausgetauscht wurde, um beispielsweise eine Zaubertrickhypothese zu nennen. Das Gesamtphänomen Silvio ist schwierig zu beurteilen, da wir ihn auch bei Manipulationen ertappt haben, sozusagen – und das macht eben die Schwierigkeit der Gesamtwürdigung von solchen Psychokinesephänomenen im Zusammenhang mit Medien allgemein aus. Praktisch alle Medien, die auf diesem Gebiet Phänomene produzierten, haben auch manipuliert, und die große Schwierigkeit der Parapsychologie besteht eben darin, eine Trennungslinie zu finden zwischen solchen Phänomenen, die nach bisherigem Wissen unerklärlich sind, und denen, wo Täuschung und Betrug vorliegt. Und da scheiden sich tatsächlich die Geister.«

Es gibt gelegentlich falsche Fünfziger, aber es wäre nicht sehr sinnvoll, nun generell jeden Fünfzigmarkschein abzulehnen, nur weil die Möglichkeit besteht, daß er gefälscht sein könnte. Es ist allerdings auch ein Gebot der Vernunft, sich jeden Schein, den man in die Hand bekommt, genau anzuschauen. »Prüfet alles«, hat der Apostel Paulus gesagt, »und das Gute behaltet.«

Höchst interessante, aber ebenfalls umstrittene Psychokinesedemonstrationen hat die Russin Nina Kulagina geliefert. Sie versetzte unter anderem eine Kompaßnadel in Drehung, indem sie ihre Hand darüber kreisen ließ, später bewegte sie den ganzen Kompaß. Sie bewegte auch nichtmetallische Gegenstände, wie zum Beispiel Streichhölzer und Zigaretten, die sich unter einer Plexiglashaube befanden, aus einer Entfernung von etwa einem halben Meter. Dies sind schon eindrucksvolle Leistungen, aber jedem halbwegs talentierten Zauberkünstler würden sie nur ein müdes Lächeln entlocken. Denn all das läßt sich auch mit ein paar Tricks und entsprechender Fingerfertigkeit erreichen ohne den Einsatz übersinnlicher Kräfte. Aber daß Manipulation solche Phänomene ermöglicht, bedeutet nicht zwangsläufig, daß hier auch manipuliert wurde. Und man sollte eigentlich annehmen, daß die russischen Wissenschaftler, die diese Experimente überwachten, sich bemüht haben, Manipulation auszuschließen. Aber ein endgültiger Beweis für oder gegen die Echtheit dieser Phänomene läßt sich nicht erbringen. Und das gilt auch für die meisten anderen Demonstrationen dieser Art.

Es wäre interessant, zu wissen, welches Grundprinzip dahinterstecken könnte, wenn die Phänomene echt sind, und natürlich auch, warum sich dieses Prinzip nicht auf eine nützlichere Weise äußert. Von Nina Kulagina wird berichtet, daß sie während eines Experiments, kraft ihres Geistes, bei einem rohen Ei, das in einen Behälter mit Wasser geschlagen wurde, Eiklar und Dotter voneinander trennte. Sie brauchte dazu eine halbe Stunde, verlor in dieser Zeit zwei Pfund Gewicht, und ihr Puls stieg dabei auf 240 – etwa das Vierfache der normalen Frequenz.

Eine bemerkenswerte Leistung – aber auch eine ungeübte Nichthausfrau wie ich zum Beispiel kann dies mit den Händen in weniger als einer halben Minute bewältigen – ohne erhöhten Puls und ohne Gewichtsverlust. Über den praktischen Nutzwert solcher Psychokinesedemonstrationen braucht man sich also nicht zu streiten. Ein verbogener Franken paßt nicht mehr in den Münzautomaten, und mit meinem rechtwinkligen Original-Uri-Geller-Löffel wird man jetzt kaum noch Suppe löffeln können. Es sei denn, man stellt sich – vielleicht – unter den Teller. Außerdem lassen sich solche Dinge mit den Händen allesamt schneller und leichter bewerkstelligen. Und unsere Hände sind schließlich ebenso ein Werkzeug des Geistes wie unser Gehirn.

Ein Psychokinesephänomen ganz anderer Art, das bislang kein anderer außer ihm fertigbrachte, demonstrierte der Amerikaner Ted Serios mit seiner »Gedankenfotografie«. In einem Experiment, das der Filmemacher André Libick Anfang der 60er Jahre für den SFB filmte, sollte Ted Serios versuchen, auf unbelichtetes Fotomaterial das Bild eines steinzeitlichen Höhlenmenschen zu projizieren. Man verwendete Polaroidfilme, die sich selbst entwickeln, um Manipulation in der Dunkelkammer auszuschließen.

Der Raum war hellerleuchtet, außerdem wurde ein Blitzlicht verwendet. Die Kameraoptik war auf unendlich gestellt. Ted Serios saß dicht vor dem Apparat und »projizierte« seine Gedanken durch einen offenen runden Pappzylinder, der vorher untersucht wurde und keine Manipulationsvorrichtungen enthielt. Das Experiment begann um 15.10 Uhr. Stundenlang wurde fotografiert – aber aus der Kamera kamen nur unscharfe Bilder von Ted Serios und seiner Umgebung. Erst um 18.25 Uhr ergaben sich einige völlig schwarze Bilder – in dem hellerleuchteten Raum etwas Ungewöhnliches – und kurz nach 19 Uhr kamen dann elf Aufnahmen, davon zwei in Farbe, die den hockenden Körper eines Höhlenmenschen zeigten. Nirgendwo im Raum gab es ein auch nur annähernd ähnliches Objekt. In einem Chikagoer Museum fand sich später ein Demonstrationsmodell eines Steinzeitmenschen, das große Ähnlichkeit mit dem »Gedankenbild« von Ted Serios aufwies. Er ist in Chikago aufgewachsen. Bei anderer Gelegenheit produzierte er ein Abbild der Münchner Frauenkirche.

Ted Serios ist inzwischen gestorben, und mit ihm wohl auch diese seltsame Fähigkeit der »Gedankenfotografie«. Zumindest hat es bis jetzt niemand nachgemacht. Serios ist niemals bei Manipulationen ertappt worden – aber vielleicht war sein Trick auch nur so gut, daß niemand darauf gekommen ist. Eine Erklärung für dieses Phänomen steht jedenfalls bislang noch aus.

Das Problem bei der Untersuchung solcher Psychokinesephänomene liegt darin, daß es sich dabei um außerordentliche und sehr individuelle Vorgänge handelt, die sich vor allem nicht beliebig wiederholen lassen. Die Frage, wie man Psychokinese wissenschaftlich meßbar machen könnte, hat die Gemüter seit den Experimenten von J. B. Rhine in den 30er Jahren immer wieder beschäftigt – und schließlich fand Dr. Helmut Schmidt, ein deutscher Physiker in Amerika, eine vielversprechende Lösung für dieses Problem.

Dr. Schmidt baute einen Zufallsgenerator, dessen Wirkungsweise auf der Abstrahlung von Elektronen beim radioaktiven Zerfall von Strontium 90 beruht. Ein Geigerzähler fängt diese Elektonen auf. Der elektrische Impuls, der dabei entsteht, stoppt einen Oszillator, der zwischen zwei Zuständen hin und her schwingt, zum Beispiel links – rechts, oder an – aus. Mit diesem Oszillator kann man nun entweder Lämpchen verbinden, die abwechselnd an und aus gehen, oder zwei verschiedenfarbige Glühbirnen, von denen entweder die eine oder die andere aufleuchtet. Diese Lichteffekte werden durch die Elektronenabstrahlung gesteuert, aber der zeitliche Abstand, in dem die einzelnen Elektronen abgestrahlt werden, ist nicht vorhersehbar.

»Die Physiker sagen, daß dieser Atomzerfall rein zufällig abläuft«, meint Dr. Schmidt, »und ich halte es für einen interessanten Gedanken, daß dort, wo wir es mit reinem Zufall zu tun haben, unser Geist vielleicht eine kleine Lücke finden könnte, um einzudringen.«

Dr. Schmidt führte mit seinem Zufallsgenerator eine Reihe von Experimenten durch, in denen die Versuchspersonen den zufälligen Ablauf beeinflussen sollten, zum Beispiel indem sie sich vorstellten, daß eine rote Glühbirne häufiger aufleuchtet als eine grüne. Über einen längeren Versuchszeitraum ergab sich dabei eine zweiprozentige Abweichung von der Zufallserwartung.

»Die Auswirkung erscheint gering«, meinte Dr. Schmidt, »aber wir haben die Versuche lange genug durchgeführt, um sagen zu können, daß es sich hier nicht mehr um Zufall handelt. Diese Personen hatten nicht einfach Glück. Es war ein echter, systematischer Effekt.

Zwei Prozent Abweichung mögen nicht sehr bedeutsam erscheinen – aber wir sind es in der Physik gewohnt, mit sehr geringen Wirkungen zu arbeiten.«

Der Psychologe Dr. Hans J. Eysenck kommentierte: »Diese Abweichungen mögen unwesentlich erscheinen, über eine lange Testserie hinweg kommen wir jedoch zu einer Antizufallswahrscheinlichkeit von eins zu über einer Milliarde.«

Aber funktionierte der Zufallsgenerator auch wirklich zufällig? Dr. Schmidt überprüfte dies und fand, daß sich die Lichter völlig zufällig bewegten, wenn niemand sie zu beeinflussen versuchte. Kann man also mit Hilfe der Vorstellungskraft Elektronen beeinflussen?

Ein Kritiker wie Professor Hansel war der Ansicht, daß die Ergebnisse auch anders zu erklären sind: »Es ist möglich, daß die Versuchsperson oder der Versuchsleiter Tricks angewendet haben, um das Ergebnis zu erzielen. Wäre ich die Versuchsperson, ich denke, ich könnte das machen. Ich bin nicht sicher, weil ich von Schmidt darüber keine Bestätigung bekommen habe, aber ich denke, ich könnte mit ein wenig Geschick den Apparat so beeinflussen, daß ich hohe Trefferquoten erziele. Es ist auch möglich, daß an der Maschine selbst in irgendeiner Weise manipuliert wurde, und zwar durch den Versuchsleiter.«

Dr. Schmidt wies Professor Hansels Vorwürfe zurück und betonte, daß seine Maschine ausgefeilte Sicherungsmechanismen enthielten, die eine Manipulation ausschließen. Und auch Kritikerkollegen wie Professor Hyman stellten Hansels Ansatz in Frage: »Hansel ist der Ansicht, daß ein Experiment, bei dem Betrug möglich ist, nicht länger als ein Beweis für PSI angesehen werden kann. Aber das könnte man gegen jedes Experiment in der Welt einwenden, denn es gibt immer die Möglichkeit, daß Betrug bei einem Versuch ins Spiel gebracht werden kann. Es gibt kein hundertprozentig betrugssicheres Experiment – und dies gilt für alle Wissenschaften.«

Die Ergebnisse von Dr. Helmut Schmidt sind inzwischen von so vielen Wissenschaftlern bestätigt worden, daß man nicht mehr darum herumkommt, sie ernst zu nehmen – auch wenn es noch keine allgemein anerkannte Erklärung dafür gibt. »Wenn die gegenwärtige Physik diese Phänomene nicht erklären kann«, meinte Dr. Schmidt, »dann heißt das, daß die Physik unvollständig ist. Aber die Physiker haben ihr Weltbild in der Vergangenheit oft geändert, und deshalb erwarte ich, auf lange Sicht, eine Zusammenführung von PSI-Forschung und Physik.«

Ansätze dafür sind bereits sichtbar. Im Jahre 1981 publizierte der Psychologe Dr. Dean Radin von der Princeton University eine erfogreiche Wiederholung der Schmidtschen Experimente. Ebenso ein Jahr später Dr. Robert Morris von der Syracuse University. Charles Honorton wiederholte diese Versuche dreimal Mitte der 70er Jahre. Dr. Robert Jahn, Dekan der School of Engineering an der Princeton University, veröffentlichte Anfang 82 die Daten einer fünfzehnmonatigen Untersuchungsreihe über den Einfluß von Psychokinese auf Zufallsprozesse – mit sehr ähnlichen Resultaten wie Dr. Schmidt. Und 1984 hat der Physiker Dr. Walter von Lucadou in Freiburg eine umfangreiche Versuchsreihe mit einem Zufallsgenerator unternommen, der allerdings etwas anders konstruiert war als der von Dr. Schmidt. Als die Versuchsreihe ausgewertet wurde, fand sich ein interessanter Zusammenhang zwischen der Einstellung der einzelnen Versuchspersonen und ihren Ergebnissen im Test, der dem von Gertrude Schmeidler entdeckten »Sheep-Goat-Effekt« entsprach – aber kein klarer Beweis für Psychokinese.

Dr. Schmidts Experimente ergaben eine – allerdings geringe – Abweichung von der Zufallswahrscheinlichkeit gemäß den Wümschen der Versuchspersonen.

Das Freiburger Experiment ergab ein Muster, das ebenfalls den Wünschen der Versuchspersonen entsprach, aber insgesamt innerhalb der Zufallswahrscheinlichkeit blieb.

Das gemeinsame ist, wie Dr. Dean Radin von der Princeton University es formulierte, »daß unter Umständen eine Wechselwirkung zwischen dem menschlichen Bewußtsein und einem physikalischen Zufallssystem möglich ist«.

Die Ergebnisse widersprechen sich nicht, aber sie sind auch nicht so klar und eindeutig übereinstimmend, wie man es gerne hätte. Und eine schlüssige Erklärung für diese Wechselwirkung zwischen Mensch und Maschine ist auch noch nicht gefunden. Es ist noch unklar, ob die Vorstellungskraft des Menschen die Elektronenabstrahlung in der Maschine beeinflußt, oder die Elektronenabstrahlung in der Maschine die Vorstellungskraft des Menschen. Das heißt: ob er erkennt, was in der Maschine vorgeht und immer dann auf den Knopf drückt, um einen Versuch zu starten, wenn gerade eine besonders starke oder besonders schwache Elektronenabstrahlung angesagt ist.

Hellsehen also statt Psychokinese?

Könnte andererseits die Annahme, daß die Vorstellungskraft auf einer subatomaren Ebene, auf der Ebene der Elektronen, die Materie beeinflussen kann, eine mögliche Erklärung für die Metallverbiegungen liefern? Daß Geller & Co also die freien Elektronen im Metall überreden, sich an einer Stelle zu versammeln und so das Metall zu verformen? Könnte die »Gedankenfotografie« von Ted Serios etwas damit zu tun gehabt haben, daß er die Elektronen in der lichtempfindlichen Filmschicht beeinflußte? Lauter offene Fragen.

Und wie steht es mit der Zufälligkeit der Zufallsprozesse? Die Abstrahlung der einzelnen Elektronen beim radioaktiven Zerfall erfolgt zwar in einer spontanen, nicht vorhersehbaren Weise in unregelmäßigen Abständen, aber auf lange Zeiträume bezogen, bleibt die Abstrahlung konstant. Man spricht dann von einer sogenannten »Halbwertszeit«. Bei Plutonium sind zum Beispiel nach etwa 25 000 Jahren so viele Elektronen abgestrahlt worden, daß die Hälfte des radioaktiven Materials umgewandelt ist.

Wenn wir würfeln, läßt sich schwer vorhersagen, welche Zahl als nächstes gewürfelt wird – aber wenn man einige tausend Würfe absolviert, dann sind am Ende alle Zahlen gleich oft geworfen worden. Es steckt also auch hinter dem sogenannten »Zufall« ein Gesetz – das man das »Gesetz des Ausgleichs« nennen könnte. Und dieses Gesetz kann, wie alle echten Naturgesetze, nicht durchbrochen werden. Dies wäre möglicherweise auch eine Erklärung dafür, daß die Ergebnisse der Versuchspersonen, die in J. B. Rhines Psychokinese-Experimenten den Fall der Würfel zu beeinflussen versuchten, sich immer mehr der Zufallswahrscheinlichkeit näherten, je länger die Versuche dauerten. Und auch eine Erklärung dafür, daß die Veränderungen oder Verschiebungen der Zufallswahrscheinlichkeit in den Versuchen von Dr. Schmidt so gering waren.

Offenbar bleibt das, was hier geschieht, im Rahmen der Naturgesetze. Und das ist immerhin beruhigend. Denn wenn wir tatsächlich die Materie so ohne weiteres in größerem Ausmaß durch unsere Gedanken beeinflussen könnten, würden wir auf diesem Planeten vermutlich eine noch größere Unordnung anrichten, als wir es ohnedies schon tun. Und das ist sicherlich nicht im Sinne des Erfinders. Vielleicht ist das auch der Grund, warum nichts Wesentlicheres verbogen wird als Gabeln und Löffel und kleinere metallene Gegenstände.

Es ist bisweilen gefragt worden, ob man auch Menschen aus der Distanz psychokinetisch beeinflussen könnte. Was auf die Distanz möglich zu sein scheint – das geht jedenfalls aus den Experimenten und den praktischen Erfahrungen hervor –, ist die Übertragung von Information. Ob Energie übertragen werden kann, auf die Distanz, ist fraglich. Aber selbst wenn Energie übertragen werden könnte, so hätte dies keine notwendig schädigende Wirkung. Energie ist neutral, im physikalischen ebenso wie im übertragenen Sinne. Es gibt keine negative Energie. Es gibt aber auch keine positive Energie. Es gibt nur Energie – und die Art und Weise ihrer Anwendung entscheidet darüber, ob das Ergebnis positiv oder negativ ist. Wenn ich also Energie übertragen bekomme, liegt es in meinem eigenen Ermessen, ob sie konstruktiv oder destruktiv wirkt – nicht aber in dem des Absenders.

Es gibt allerdings »positive« und »negative« Information. Aber auch da hängt es von uns ab, wie wir sie umsetzen. Wenn die Stimme aus dem Radio sagt: »Hol dir die wilde Frische!«, dann kann ich sagen: »Ich denke nicht daran«, und damit hat es sich. Wenn mir jemand den telepathischen Befehl übermittelt: »Spring aus dem Fenster«, dann kann ich es tun oder lassen. Selbst in hypnotischer Trance ist der Mensch in der Lage, Befehle zu verweigern – wir haben dies in Kapitel 3 schon angesprochen. Aber wir sollten bedenken, daß es Menschen gibt, die eher dazu neigen, Befehlen zu gehorchen als selbständig und selbstverantwortlich zu handeln. Und deshalb sollten wir, wenn wir an andere denken, dies generell in einer konstruktiven Weise tun. Wenn die Mutter, während das Kind in der Schule eine Klassenarbeit schreibt, denkt: »Wahrscheinlich schreibt es wieder eine Fünf«, übermittelt sie ihrem Kind damit unter Umständen einen Befehl, den es um so eher befolgen wird, je mehr es gewohnt ist, Befehlen zu gehorchen. Aber auch Befürchtungen, wie: »Hoffentlich schreibt es keine Fünf«, können als Befehle wirken, und daß das Unterbewußtsein Verneinungen nicht so recht begreift, haben wir in Kapitel 5 erläutert. »Mein Kind ist ruhig und sicher, und es schreibt eine gute Arbeit«, wäre zum Beispiel ein sinnvoller Gedanke. Es ist keineswegs sicher, daß solche Gedanken ankommen, aber die bloße Möglichkeit, daß sie es tun, spricht für eine generell positive Formulierung. Und die Energie, die wir dabei aufwenden, ist die gleiche.

Ein Mensch, der sich seiner Selbstverantwortung bewußt ist, wird sehr viel weniger anfällig sein für Einflüsterungen und Befehle – ganz gleich, aus welchem Medium sie kommen, ob aus dem Mund von Vorgesetzten, aus dem Radio oder aus dem Gedankenbereich. Nichts kann uns schaden, wenn wir es nicht wollen. Es kann uns aber auch nichts etwas nützen, wenn wir es nicht wollen.

Daß der menschliche Geist in bezug auf den eigenen Körper die Materie beherrschen kann, haben wir in eindrucksvollen Beispielen gesehen. Daß er, innerhalb gewisser Grenzen, die Materie auch außerhalb des eigenen Körpers beherrschen kann, ebenfalls. Bleibt noch die Frage, ob der Geist, die Seele, das Bewußtsein – wie immer wir es nennen wollen – dann nicht auch unabhängig vom Körper existieren kann. Um zum Beispiel nach dem sogenannten Tode weiterzuleben und gegebenenfalls auch herumzuspuken. Die Parapsychologie befaßt sich auch mit solchen Fällen – mit Geistern zum Beispiel, die durch Poltern und ähnlichen Unfug Aufsehen erregen. Aber sie glaubt dabei nicht an Geister, sondern an Psychokinese.

Der »Poltergeist« unterscheidet sich von anderen Geistern dadurch, daß er nicht direkt in Erscheinung tritt, sondern sich durch Geräusche, wie etwa Poltern, Klopfen und Krachen oder durch Bewegung von Objekten bemerkbar macht. Dabei können Bilder von der Wand fallen, Gebrauchsgegenstände durchs Zimmer fliegen oder Möbelstücke verschoben werden. In einem Fall, der 1967 in einer Anwaltskanzlei in Rosenheim stattfand, kam es außerdem zu Störungen in der elektrischen Stromversorgung und in der Telefonanlage.

Die Geschichte der »Poltergeistphänomene« reicht weit zurück. Einer der frühesten verzeichneten Fälle hat sich 335 nach Christus in Bingen zugetragen: Steine sollen dabei ohne erkennbare Ursache durch die Luft geflogen und schlafende Menschen aus ihren Betten geworfen worden sein. Paracelsus glaubte, daß Menschen, die eines gewaltsamen Todes starben, für solche Phänomene verantwortlich seien, weil sie den Rest der ihnen gekürzten Erdentage unter Umständen als »Lemuren, Polter- oder Rumpelgeister« zubringen könnten.

Auch der Spiritismus vertritt die Ansicht, daß solche Erscheinungen auf die Seelen verstorbener Menschen zurückzuführen sind, die sich nicht von der Erde oder einem bestimmten Ort trennen können. Die Parapsychologen sind demgegenüber der Meinung, daß die »Poltergeisterscheinungen« von lebenden Menschen hervorgerufen werden, und zwar durch sogenannte RSPK – »Recurrent Spontaneous Psychokinesis« – wiederkehrende spontane Bewegung von Gegenständen durch geistig-seelische Kräfte.

Es hat sich gezeigt, daß die meisten »Poltergeistphänomene« nicht an bestimmte Orte, sondern an bestimmte Personen gebunden sind. Vorwiegend handelt es sich dabei um Jugendliche, die in der Pubertät oder kurz davor stehen. Da die »Poltergeisteffekte« oft eine Art Protestcharakter zeigen, nimmt man an, daß sich Frustrationen, aufgestaute Triebspannungen und aggressive Tendenzen auf diese Weise entladen. Wenn die »spukauslösende« Person älter wird, dann verschwinden die Erscheinungen meist von selbst. Wie sie allerdings überhaupt zustande kommen, ist noch nicht schlüssig geklärt.

Ein Teil der »Poltergeistfälle« ist natürlich auch auf Tricks und Manipulation von Menschen zurückzuführen, die sich wichtig machen wollen oder andere eigennützige Motive haben. Der Engländer Reginald Scot schrieb schon 1584 in seinem Buch *Aufdeckung der Hexenkräfte:* »Ich könnte viele Geschichten davon erzählen, wie Menschen durch Erscheinungen und Geräusche aus ihren Häusern vertrieben wurden, und immer ist es bloße und gemeine Schurkerei gewesen – begangen von denen, die am meisten zu klagen scheinen und am wenigsten verdächtigt werden . . .«

Andere Fälle wiederum lassen sich durch ganz einfache und normale Sachverhalte erklären, zum Beispiel durch eine defekte Heizungsanlage, die seltsame Geräusche produziert. Aber nicht immer sind solche Erklärungen ausreichend. Vor allem der gründlich untersuchte und dokumentierte Fall in Rosenheim zeigt, daß hier mit großer Wahrscheinlichkeit geistig-seelische Kräfte am Werke waren, deren Ursprünge man weiter erforschen sollte. Auf den Begriff »Poltergeist« wird man allerdings – nach Lage der Dinge – dabei wohl verzichten können.

Nichtsdestoweniger gibt es immer noch genügend Menschen, die das Gepolter weiterhin den herumgeisternden Seelen der Verstorbenen zuschreiben und sogar mit ihnen in Verbindung treten wollen. Man nennt sie »Spiritisten«.

Literaturempfehlung Kapitel 7 bis 10:

Bauer/Loucadou: »PSI - was verbirgt sich dahinter?«
Eysenck/Sargent: »Der übersinnliche Mensch«
Milan Ryzl: »Parapsychologie«
Elmar Gruber: »PSI-Phänomene«
Russell Targ: »Jeder hat ein 3. Auge«
W. Bonin: »Lexikon der Parapsychologie«
Frank Smyth: »Geister und Poltergeister«
Hans Bender: »Verborgene Wirklichkeit«

Kapitel 11

Die ich rief, die Geister . . .

Spiritismus: Beweise für ein Leben nach dem Tod?

Klopfgeister in Hydesville und fliegende Möbel: die Anfänge des Spiritismus' / Tekla Khan: Botschaften aus dem Jenseits / Porträts von toten Verwandten: das Malmedium Carol Polge / Die Frage nach der Nützlichkeit: Brauchen wir Geister und Medien? / Sprechstunde im Jenseits: Heilung durch die Geister? / Tom Johanson: ein Künstler mit heilenden Händen.

Im April 1848 war in der amerikanischen Stadt Hydesville eine Gruppe von Menschen im Haus der Familie Fox zusammengekommen, um der Erscheinung eines »Klopf- oder Poltergeistes« beizuwohnen, der dort seit einiger Zeit sein Wesen - oder Unwesen trieb.

Man hatte sich um den Familientisch versammelt und erwartete den »Geist«, der sich auch bald durch Klopfgeräusche bemerkbar machte, die aus dem Tisch zu kommen schienen. Die Töchter der Familie, Kate und Margaret, kamen auf die Idee, sich mit dem »Geist« zu unterhalten - indem sie das Alphabet aufsagten und den »Geist« baten, jeweils bei dem Buchstaben, den er bezeichnen wollte, ein Klopfgeräusch hervorzubringen. Auf diese Weise kamen Wörter und ganze Sätze zustande, der »Geist« beantwortete Fragen und berichtete unter anderem, daß er von früheren Bewohnern des Hauses beraubt und ermordet worden sei und seine Leiche im Keller vergraben läge. Ein Verwandter der Familie Fox erklärte später, Kate und Margaret hätten die Klopfgeräusche mutwillig hervorgerufen. Nichtsdestoweniger fand man im Keller des Hauses die sterblichen Überreste eines Menschen.

Wie es auch immer sich verhalten haben mag, der

Dialog mit dem »Geist« machte jedenfalls Schlagzeilen, und bald entdeckten auch andere Menschen, daß sie ebenfalls »Klopfgeister« herbeizitieren konnten, wenn sie sich, in der entsprechenden Absicht, um einen Tisch versammelten. Solche spiritistischen Sitzungen oder »Séancen« kamen in Mode, und bald konnten die »Geister« nicht mehr nur klopfen, sondern auch Möbel durch die Luft bewegen, sich sichtbar machen oder durch anwesende Personen sprechen, die ihnen als »Medium« dienten, als Vermittler ihrer »jenseitigen« Botschaften. Heute bedienen sich die »Geister«, ganz zeitgemäß, auch der Massenmedien. Der Schwede Friedrich Jürgensohn empfing ihre Botschaften aus dem Radio, und inzwischen haben sie sich auch per Fernsehapparat oder Computer bemerkbar gemacht.

Viele solcher Effekte und Erscheinungen kamen durch Trick und Manipulation zustande, aber keineswegs alle. Viele sogenannte »Botschaften der Geister« waren belanglos oder unsinnig, aber es gab auch immer wieder verblüffend zutreffende.

Bei den Phänomenen, die nicht dem Betrug zuzurechnen sind, kann man mit Sicherheit weder beweisen, daß die Seelen Verstorbener dafür verantwortlich sind, noch kann man dies mit Sicherheit ausschließen – man kann nur daran glauben oder nicht. Der Philosoph und Psychologe William James (1842 bis 1919) schrieb dazu: »Ich gestehe,daß ich gelegentlich in Versuchung war zu glauben, daß der Schöpfer die Absicht hat, uns über diesen Bereich in alle Ewigkeit im unklaren zu lassen und unsere Neugier, unsere Hoffnung und unsere Zweifel alle in gleichem Maße zu wecken; denn obwohl es immer so aussieht, als ob Gespenster und Hellsichtigkeit und Klopfgeräusche und Botschaften von Geistern existieren und nie ganz hinwegerklärt werden können, sind sie doch auch nie wirklich einwandfrei belegbar.«

Man kann sich natürlich andererseits die Frage stellen,

ob es wirklich sinnvoll ist, anzunehmen, daß die »Geister«, wenn es sie denn gibt, wirklich nichts Besseres zu tun haben, als irgendwo in der Provinz Möbel zu heben, Gläser zu verschieben oder Buchstaben zu klopfen. Und wenn sie tatsächlich nichts Besseres zu tun haben, dann kann man sich natürlich fragen, auf welchem geistigen Niveau solche »Geister« stehen, und ob man von ihnen wirklich etwas Brauchbares erfahren kann.

Es hat sich gezeigt, daß Wissen und Wortschatz der »Geister« gewöhnlich dem Wortschatz und Wissen ihrer Vermittler, ihrer »Medien« entsprechen - und die Parapsychologen vertreten deshalb meist die sogenannte Animismus-Hypothese. Sie besagt, daß spiritistische Phänomene auf übersinnliche Fähigkeiten der lebenden Anwesen zurückzuführen sind: auf Hellsehen, Telepathie oder Psychokinese. Vorausgesetzt, daß sie überhaupt echt sind und nicht durch Betrug zustande kommen, was oft genug der Fall war - und ist. Die Geschichte der »Medien« berichtet von vielen schillernden Persönlichkeiten, von erstaunlichen übersinnlichen Leistungen, aber auch von Täuschung, mißbrauchtem Vertrauen und Schwindel. Viele Menschen empfingen Trost aus dem Umgang mit den »Geistern«, andere büßten ihr Vermögen ein oder landeten im Irrenhaus.

Ob die Bilanz positiv oder negativ bewertet wird, hängt vom Standpunkt des jeweiligen Betrachters ab. Hierzulande neigt man dazu, sich heftig über das Für und Wider zu streiten - in England hingegen pflegt man den Umgang mit den »Geistern« in Vereinigungen und Verbänden, wie zum Beispiel der SAGB, der »Spiritualist Association of Great Britain«. Sie ist eine der größten spiritualistischen Organisationen der Welt, mit etwa 5500 festen Mitgliedern und jährlich an die 160000 Besuchern in ihrem Stammhaus am Belgrave Square Nummer 33 in London. Wir haben es für unsere Sendereihe mit der Kamera besucht.

Im Erdgeschoß befinden sich die Rezeption und ein Buchladen, wo unter anderem die »Spiritualist Gazette« zu haben ist, eine Zeitung, die von der Vereinigung herausgegeben wird. Auf dem Weg zum ersten Stock kommt man an einer Marmorskulptur vorbei, die einen Menschen darstellt, der von seinem »geistigen Führer« geleitet wird. Oben befindet sich ein größerer Versammlungsraum, in dem öffentliche Veranstaltungen mit Medien stattfinden. An dem Nachmittag, als wir dort filmten, war es Tekla Khan. Der Eintritt kostete für die Besucher ein Pfund dreißig, zum damaligen Kurs nicht ganz fünf Mark. Tekla Khan war eine freundliche alte Dame, die den Besuchern, etwa zehn an der Zahl, Botschaften aus der »geistigen Welt« vermittelte. Sie sagte zum Beispiel: »Die Dame neben der Dame in Weiß möchte ich in Verbindung bringen mit einem Herrn aus der geistigen Welt, der vor langer Zeit hinübergegangen ist und der viel mit Musik zu tun hatte. Ferner haben wir hier noch eine Person, die zur See gefahren ist, und gemeinsam geben sie mir zu verstehen, daß eine jüngere weibliche Person aus ihrer Umgebung bald einen Aufstieg zu erwarten hat, was ihren Beruf oder ihre Arbeit angeht . . .«

Es gab keine dramatischen Ereignisse an diesem Nachmittag und die Botschaften, die Tekla Khan vermittelte bezogen sich auf alltägliche Kleinigkeiten, daß beispielsweise ein Besuch ins Haus stünde, oder man sich wegen einer schwierigen Angelegenheit keine Sorgen zu machen brauche, es werde sich alles regeln. Nachdem die Veranstaltung vorbei war, fragte ich Tekla Khan, wie sie ihre Botschaften empfängt. »Ich höre geistige Stimmen«, sagte sie, »aber ich sehe auch. Ich habe Visionen. Oft beides zur gleichen Zeit. Das ist sehr interessant.«

Ich fragte sie, woher ihrer Meinung nach diese Informationen kommen.

»Sie kommen von Menschen, die uns verlassen haben und nun mit ihren Lieben in Verbindung treten wollen.

Meine eigenen geistigen Helfer – andere Leute nennen sie geistige Führer, aber ich nenne sie lieber geistige Helfer – stellen eine Verbindung her mit den Geistwesen, die zu den Menschen gehören, die in die Versammlung kommen. Und dann ergibt sich eine Art Dialog, ein Gespräch, das Dinge aus der Vergangenheit berührt – aber auch Dinge, die mit der Zukunft des betreffenden Menschen zusammenhängen. Und das gibt den Leuten Trost und Zufriedenheit. Wenn man jemand, den man liebt, verliert – was man dann sterben nennt – dann fragt man sich oft: was geschieht mit ihm, werde ich jemals wieder etwas von ihm sehen oder hören? Manche Menschen machen sich keine Sorgen über den Tod, aber andere denken, daß alles zu Ende ist, wenn man stirbt. Aber es ist nicht alles zu Ende, wenn man stirbt, und darüber bin ich froh«, sagte Tekla Khan und lachte.

Es ist schön, einen Menschen zu treffen, der soviel Zuversicht und Freude ausstrahlt, wenn es um eine so ernste Sache geht wie den Tod. Sicher ist, daß Tekla Khan den Menschen, die in ihre Versammlungen kommen, Trost und Geborgenheit vermittelt. Wir haben auch keinen Anlaß, an der Echtheit ihrer Visionen zu zweifeln. Aber es läßt sich nicht mit Sicherheit feststellen, ob Tekla Khans Informationen tatsächlich von »Geistwesen« stammen oder ob sie auf andere Weise zustande kommen, zum Beispiel durch Hellsehen oder Telepathie.

Das gleiche gilt auch für die Arbeit von Carol Polge, die ein – nicht nur in England – bekanntes »Malmedium« ist. Sie zeichnet eindrucksvolle Porträts, allerdings nicht von dem Menschen, mit dem sie gerade zusammensitzt, sondern von seinen bereits verstorbenen Verwandten. Wir besuchten sie in ihrem Haus in der Nähe von London.

»Ich war Künstlerin«, erzählte Carol Polge, »bevor ich mit dem Spiritismus in Berührung kam – und zwar durch meine Mutter, die viel von Geistheilung hielt. Wir gingen zu einer spiritistischen Kirche, und ein Medium sagte mir, daß ich eine mediale Künstlerin sei. Ich hatte noch nie von medialer Kunst gehört, aber ich war eine geübte Malerin, und sie prophezeite mir, daß ich ein berühmtes Medium werde. Das war vor 40 Jahren. Ich bin seit etwa 35 Jahren als Malmedium tätig und habe inzwischen etwa 90 000 Porträts gezeichnet.«

Carol Polge hat auch für uns einige Porträts gezeichnet. Für Wolfgang Korruhn, einen Kollegen vom WDR, beispielsweise einen alten Herren mit ausdrucksvollem Gesicht, von dem sie annahm, daß er ein Vorfahre von väterlicher Seite sein könnte.

»Paßt die Nase in die Familie ihres Vaters?« fragte sie Wolfgang Korruhn. »Die Nase ist anders als ihre, und sollte einen Hinweis geben, zu welcher Seite der Familie er gehört. Er ist mittelgroß, nicht sehr dick. Es ist so, als ob er Lebensmittel rationiert und verteilt. Er war nicht gerade reich, aber er ging sehr sorgfältig mit Geld um. Und sie sind da ganz anders, sie gehen manchmal sehr sorglos mit Geld um. Er lacht. Er sagt, sie seien ihm nicht ähnlich. Er ist nicht jüdisch, aber er hat ein bißchen so die Art. Er ist beunruhigt, weil sie so leichtfertig mit Geld umgehen . . .«

Später, als wir noch bei einer Tasse Kaffee zusammensaßen, fragte ich Carol Polge, woher sie die Bilder beziehe, die sie zeichnet.

»Es ist nicht leicht zu erklären, wie ich das mache«, sagte sie, denn es ist bei jedem Bild anders. Aber grundsätzlich sehe ich die Person nicht, die ich zeichne, es ist eher so eine Art von automatischem Zeichnen, als ob meine Hand von sich aus handeln würde. Aber gleichzeitig ist es so, als ob ich die Person bin, die ich zeichne, und wenn das Bild fertig ist, habe ich das Gefühl, in einen Spiegel zu schauen.

Manchmal ergibt sich auch eine Art Zwiegespräch, bei dem mir sozusagen Gedanken in den Sinn kommen. Ich höre das nicht mit den Ohren, es sind eher Worte, die in mein Bewußtsein einfließen. Und manchmal spüre ich sogar so etwas wie einen Dialekt – ich höre ihn zwar nicht, aber ich spüre einen Dialektrhythmus. Offenbar leiten sie Informationen in mein Bewußtsein.

Normalerweise steht das Bild, das ich zeichne, mit der Person in Zusammenhang, für die ich es mache. Aber gelegentlich bekommt jemand die Zeichnung einer Person, zu der er keine Verbindung sieht. Manchmal sind es dann entfernte Verwandte, von Schwagern oder auch von Freunden – bei einer Frau war es der Ehemann der Nachbarin. Es gibt auch Porträts, die erst gar nicht zugeordnet werden können, und Monate oder Jahre später trifft man dann jemand, der vielleicht sagt: das ist meine Frau, von der sie da ein Bild haben.

Es geht jedenfalls nicht auf Bestellung, daß man zum Beispiel sagt, zeichnen sie meine Mutter oder meinen Vater. Wir können die Toten nicht aufrufen, wir können nur darauf warten, daß sie sich mit uns in Verbindung setzen – und wenn sie das nicht wollen, können wir nichts machen. Vielleicht wollen viele gar nicht zurückkommen. Ich bin mir zum Beispiel nicht sicher, ob ich Lust hätte zurückzukommen.«

Als wir wieder zu Hause angekommen waren, versuchten wir, die Porträtzeichnungen von Carol Polge mit irgendwelchen lebenden oder toten Menschen in Verbindung zu bringen. Wolfgang Korruhn zog für sich das Fazit: »Ich habe recherchiert in meiner Verwandtschaft und habe keine Ähnlichkeit mit toten oder lebenden Personen finden können, also auch nicht die leiseste. Ich bin überhaupt der ganzen Sache gegenüber sehr skeptisch. Im ersten Augenblick hatte ich wirklich den Eindruck, sie zeichnet Verwandte von mir, von mütterlicher Seite. Ich habe aber herausgefunden, daß sie eigentlich nicht die historischen Personen gezeichnet hat, sondern sie hat im Grunde meine Irrtümer, meine Vorstellungen von den Personen gezeichnet, die ich hatte. Zum Beispiel war ich der Ansicht, daß meine Mutter aus einer siebenköpfigen Familie stammt, und das hatte sie mir auch gesagt. Ich habe aber jetzt meine Mutter gefragt, und sie stammt tatsächlich aus einer fünfköpfigen Familie. Meine These also: sie zeichnet im Grunde meine Vorstellungen, die sie, wie ein Hellseher das ja auch macht, oder ein Kartenleger, aus meinem Unbewußten abzapft. Ich glaube nicht, daß sie imstande ist, Verbindung mit Toten aufzunehmen und sie zu zeichnen, das halte ich für einen Unfug.«

Die »Geister« waren – das muß man schon sagen – nicht sehr willig, als wir kamen, um sie zu filmen. Keines der Porträts, die Carol Polge damals gezeichnet hat, ließ sich bislang zuordnen. Aber auch wenn sich eine Zuordnung zu einer verstorbenen Person ergeben hätte, wäre dies noch kein schlüssiger Beweis für ein Leben nach dem Tod oder die Existenz von »Geistwesen«. Ebensowenig wie die Nichtzuordnung ein Beweis dagegen ist.

Aus spiritistischer Sicht sind hier und bei anderen übersinnlichen Erscheinungen »Geister« am Werk – die Parapsychologie ist demgegenüber der Ansicht, daß das, was als Wirken von »Geistwesen« gesehen wird, auf außersinnliche Wahrnehmung oder Psychokinese zurückzuführen ist. Wer letzten Endes recht hat, läßt sich im Augenblick nicht zweifelsfrei entscheiden.

Bleibt also die Frage nach der Nützlichkeit solcher Botschaften. Brauchen wir »Medien« und »Geister« um zu erfahren, was für uns gut ist? Wissen die »Geister« das wirklich besser als wir?

Es ist wohl kaum anzunehmen, daß ein Mensch nach dem Tode klüger ist, als er zu Lebzeiten war. Es wird jemand nicht automatisch zu einem Genie, nur weil man den Sargdeckel über ihm zuklappt.

Der amerikanische Philosoph Prentice Mulford (1843 bis 1891) meinte: »Der Verlust des Körpers macht den Schurken nicht zum Heiligen, so wenig wie der Dieb, der seinen Überrock verliert, dadurch zum ehrlichen Manne wird. Jeder findet sich im ›Jenseits‹ in der gleichen moralischen, mentalen und geistigen Verfassung wieder, in der er das Diesseits verließ.«

Auch Goethe hat zum Beispiel zu seinen Lebzeiten sehr viel bedeutendere Dinge gesagt, als jetzt sein sogenannter »Geist« aus dem Munde von Medien verlauten läßt. Es ist genug Weisheit in den Äußerungen zu finden, die große Menschen ausgesprochen haben, als sie noch hier in einem Körper lebten. Und es ist uns mehr von dieser Weisheit überliefert, als man gewöhnlich in einem Leben verkraften kann. Außerdem bin ich der Meinung, daß jeder Mensch selbst erkennen muß, was für ihn gut ist. Und ich halte es für sinnvoller, auf die eigene innere Stimme zu hören als auf irgendwelche »Gurus« oder »Geister«, die von Medien herbeizitiert werden. Und ich halte es für besser, die eigene Intuition zu trainieren, als sich der Intuition anderer auszuliefern. Das wäre etwa so, als ob man den eigenen Fernsehapparat ausschaltet, und dann am nächsten Tag zum Nachbarn geht, um sich von ihm erzählen zu lassen, was es im Fernsehen zu sehen gab.

Und was die Beschäftigung mit dem Jenseits angeht, so meine ich, daß wir jetzt nicht hier wären, wenn wir dort etwas Wichtigeres zu tun hätten. Unser jetziges Leben ist das Leben *vor* dem Tod – was danach kommt, ist eine andere, eine neue Geschichte.

Eine Sache, die unbedingt erwähnt werden muß, wenn es um Spiritismus geht, ist die sogenannte »Geistheilung«. Geistheilung, das bedeutet zum einen Heilung durch geistig-seelische Kräfte, durch den Glauben, zum anderen Heilung durch die Hilfe von »Geistern«, die sich des Heilers als »Medium« bedienen.

Letzteres, auch »psychic surgery« – »Geistchirurgie« genannt, ist vor allem im spiritistischen Umfeld auf den Philippinen und in Brasilien zu finden. Der brasilianische Landarbeiter Zé Arigò hat als Trancemedium eines verstorbenen deutschen Arztes »Dr. Fritz« Tausende von erfolgreichen Operationen unter abenteuerlichen Umständen durchgeführt, beispielsweise Augenoperationen mit einem unsterilisierten Taschenmesser. Nach Arigòs Tod hat der Arzt Dr. Edson Queiroz diese Arbeit als »Trancemedium« des »Dr. Fritz« weitergeführt. In einem Dokumentarfilm des ZDF war unter anderem zu sehen, wie er einer Frau bei vollem Bewußtsein ein Geschwür aus der Brust herausschnitt. Viele Ärzte haben sowohl Arigò als auch Queiroz beobachtet, aber eine wissenschaftlich stichhaltige Erklärung für ihre Erfolge konnten sie bislang nicht liefern.

Weniger blutig, aber ebenso spektakulär im Ergebnis waren viele Beispiele der Heilung durch den Glauben, durch Gebet oder Handauflegen. Jesus von Nazareth und seine Jünger haben dies häufig praktiziert, und es hat wohl auch zu den Gepflogenheiten der ersten christlichen Gemeinden gehört. Später waren es dann hauptsächlich die Heiligen, wie der heilige Franziskus beispielsweise oder der heilige Antonius, die auf diese Weise Wunder wirkten. Heute wird regelmäßige Geistheilung unter anderem durch eine Reihe von christlichen Gruppen in Amerika praktiziert, wie zum Beispiel »Christian Science«, »Unity« oder »Science of Mind«.

In England gibt es seit etlichen Jahren eine überregionale Vereinigung, die die Arbeit der Geistheiler kontrolliert, Nachwuchs ausbildet und Zertifikate ausstellt – die »National Federation of Spiritual Healers«. Auf Anregung von Prinz Charles dürfen die Mitglieder dieser Organisation seit einiger Zeit mit Ärzten zusammenarbeiten und ihre Patienten auch bei Krankenhausaufenthalten besuchen und behandeln. Im Haus der SAGB am Belgrave Square ist das gesamte oberste Stockwerk für Geistheilung reserviert und etwa achtzig Heiler sind dort tätig. Die Geistheiler kommen aus den unterschiedlichsten Kreisen und arbeiten dort freiwillig und ohne Bezahlung jeweils an einem oder einem halben Tag in der Woche.

Wir sprachen, als wir dort Filmaufnahmen machten, mit einer jungen Frau, Milly, die als Patientin dort war, und mit der Heilerin Louise, die sie behandelte.

»Im März bekam ich plötzlich Asthma«, erzählte Milly. »Ich konnte kaum mehr atmen und kam hierher. Louise behandelte mich und es ging mir besser. Ich war dann eine Woche im Krankenhaus und kam anschließend regelmäßig her, und mein Asthma ist inzwischen fast verschwunden.«

Louise, die Heilerin, ist seit einiger Zeit pensioniert und lebt außerhalb von London. Einmal in der Woche kommt sie für einen Tag ins Haus der SAGB, um dort zu heilen. Unentgeltlich, wie alle anderen auch. Auch die Patienten müssen nichts bezahlen, aber Spenden sind natürlich gern gesehen.

»Was ich betonen und in aller Deutlichkeit aussprechen möchte«, sagte Louise, »ist, daß die Patienten keine sofortigen Wunder erwarten sollen. Diese Dinge brauchen Zeit. Wir Heiler bemühen uns, die Leute dazuzubringen, daß sie sich selbst helfen.«

»Aber es gehört auch der Glaube dazu«, wirft Milly ein. »Wenn ich nicht an diese Art von Medizin glauben würde, wäre ich nicht hier. Die Leute, die hierherkommen, glauben an Geistheilung, und so wirken diese beiden Dinge zusammen.«

»Es kommen natürlich auch Leute«, meint Louise, »die sich keine rechte Vorstellung machen können und die sagen, daß sie keinen Glauben haben. Aber ich sage dann, daß macht nichts, ich habe genug Glauben für uns beide zusammen.«

»Ob es mit den Augen zusammenhängt«, sagt Milly, »oder Kopfschmerzen sind, es verschwindet einfach. Es wirkt da eine Kraft, eine Energie.«

Ob sie glaube, daß da auch in ihr selbst eine Kraft sei, die durch die Geistheilung angeregt wird, fragte ich sie.

»Ja natürlich«, war Millies Antwort. »Es ist eine zweigleisige Sache.« Und Louise bestätigt: »Ja. Es ist eine zweigleisige Sache.«

Daß die Geistheilung etwas bewirkt, läßt sich nicht leugnen. Welches die Ursache dieser Wirkung ist, kann man zur Zeit nicht mit Bestimmtheit sagen. Die Einstellung, der Glaube des Patienten spielt sicherlich eine wesentliche Rolle. Wir haben in den vorangegangen Kapiteln reichlich Beispiele dafür gegeben, wie der Mensch durch Hypnose oder durch Autosuggestion, durch die Kraft seines Bewußtseins, seiner Vorstellung in einem veränderten Bewußtseinszustand seine inneren Heilkräfte aktivieren und Heilungen erleben kann, die teilweise an ein Wunder grenzen. Und auch Jesus von Nazareth, der wohl größte Geistheiler aller Zeiten, hat immer wieder die Wichtigkeit des Glaubens betont: »Dir geschieht, wie du glaubst«, oder: »Dein Glaube hat dir geholfen«, oder: »Alle Dinge sind möglich dem, der da glaubt.«

Dies ist offenbar der wichtigste Faktor. Aber ist es der einzige? Geistheilung war auch bei Tieren erfolgreich und bei Kleinkindern, wo man eine Wirkung zumindest bewußter Autosuggestion oder bewußten Glaubens wohl nicht annehmen kann. Ist es also auch etwas, das vom Heiler ausgeht? Vermutlich. Aber was ist es, was wird hier übertragen? Eine Energie? Oder Information? Oder beides zusammen?

Der Spiritismus sagt, es geschieht mit Hilfe von »Geistern«. Wiederum: ob dies so ist, läßt sich weder beweisen noch ausschließen. Sicher ist allerdings, daß bei der Geistheilung Zuwendung weitergegeben wird und Liebe – im Sinne von Nächstenliebe. Wenn man die Ebene der »Geistwesen« einmal beiseite läßt, dann bleibt die Feststellung, daß es Zuwendung und Liebe sind, die – nächst dem Glauben – eine heilende Wirkung haben. Und dies ist eine Konsequenz und eine Anregung, die uns alle betrifft – nicht nur Menschen mit einer speziellen, medialen Begabung.

Einer der im Augenblick bekanntesten und erfolgreichsten englischen Geistheiler ist Tom Johanson. Er ist seit 1976 Generalsekretär der SAGB und verdient mit dieser Tätigkeit seinen Lebensunterhalt. Für seine Heilbehandlungen nimmt er, wie die anderen Heiler auch, kein Honorar. Er begann seine berufliche Laufbahn als Porträtmaler, wurde Mitglied der »Royal Academy of Art« und ging dann in die Werbung als Illustrator und Texter. Später wechselte er in die Industrie über, zu einer Firma, die wissenschaftliche Instrumente herstellte. Zur SAGB kam er durch einen außergewöhnlichen Mann, Harold Sharp, einen ehemaligen Mönch, der eine starke mediale Begabung besaß. Sharp erkannte Johansons heilerische Fähigkeiten und überredete ihn, es wenigstens probeweise einmal mit Geistheilung zu versuchen. Johanson tat ihm den Gefallen, obwohl er überzeugt war, keinen Erfolg zu haben. Daß seine Patienten sich nach der Behandlung wohler fühlten, hielt er für ein psychologisches Phänomen.

Eines Tages brachte man auf einer Tragbahre einen etwa zwölfjährigen Jungen zu ihm, der nicht laufen konnte. Ärzte hatten ihn untersucht, aber die Ursache für seine Krankheit nicht finden können. Tom Johanson hatte keine große Hoffnung, etwas für den Jungen tun zu können, aber er wollte es wenigstens versuchen. Also legte er ihm die Hände auf an Kopf, Brust, Bauch, Knien und Fußgelenken und betete. Und er bemühte sich mit aller Kraft, in ihm den Willen zur Gesundung wachzurufen, ohne dabei mit ihm zu sprechen. Nach einer Viertelstunde wollte Johanson aufgeben und suchte bereits in Gedanken nach einer Entschuldigung für die Eltern, als der Junge mit einem Mal sagte: »Mister Johanson, ich habe das Gefühl, daß ich aufstehen könnte.« Und dann stand er ganz mühelos auf und spazierte im Zimmer umher.

»Ich habe nie herausgefunden, was dem Jungen eigentlich gefehlt hat«, erzählte Tom Johanson, als wir ihn in

London besuchten und filmten. »Aber allein der Ausdruck im Gesicht der Eltern, die völlig überwältigt waren von der Reaktion ihres Jungen, sprach Bände. Und von dem Augenblick an war mir klar, da waren wirklich Heilkräfte und eine Energie, die wir bis heute nicht völlig verstehen können.«

Während unserer Dreharbeiten trafen wir auch eine junge Frau aus Deutschland, die bei Tom Johanson in Behandlung war. Er hatte sie auf einem Seminar kennengelernt, daß er in Todtmoos abgehalten hatte. Sie hatte eine langjährige Krebsbehandlung hinter sich mit mehreren Operationen, die auch erst erfolgreich waren. Aber dann hatte eine Computertomographie Metastasen in der Lunge gezeigt, und Tom Johanson hatte sie eine Woche lang täglich behandelt. Eine weitere Computertomographie zeigte später, daß keine Metastasen mehr zu sehen waren. Aber sie hatte noch Wasser in der Lunge und war deshalb zu einer zweiten Behandlung nach London gekommen.

Vier Monate später besuchten wir die junge Frau in ihrer Heimatstadt in Deutschland und fragten nach dem Erfolg der Behandlung. »Ich kam nach London mit Wasser hinter der rechten Lunge«, erzählte sie uns, »und nach vierzehn Tagen in London und einer Woche zu Hause hat sich das Wasser völlig abgebaut, und ich bin also wasserfrei bis heute.« Sie war zuversichtlich und machte für sich selbst jetzt auch eine Reihe von Entspannungs- und Visualisierungsübungen.

Daß die Geistheilung hier etwas bewirkt hatte, war offensichtlich. Und ich habe noch andere erstaunliche Besserungen durch Geistheilung gesehen. Ich habe aber auch erlebt, daß die eine oder andere Besserung nicht von Dauer war. Es kommt also auch darauf an, daß der Mensch selbst sich ändert, daß er die Denk- oder Verhaltensweisen, die zur Krankheit geführt haben, ablegt. Wenn er das nicht tut, wird er irgendwann wieder dort landen, wo er vor der Geistheilung war. Es genügt nicht, zum Heiler zu gehen und sich dort ein Wunder tun zu lassen. Solche Wunder verflüchtigen sich rasch, wenn man nicht lernt, sie täglich in sich selbst neu zu erwecken. Aber selbst dann gibt es irgendwo Grenzen. Wo sie liegen und warum sie bei einem hier und beim anderen dort liegen, ist schwer zu erkennen. Ob »Schicksal« das richtige Wort dafür ist? Ich weiß es nicht.

Auch die junge Frau, die wir bei Tom Johanson trafen, ist inzwischen leider gestorben.

Wir neigen immer dazu »leider« zu sagen, wenn es um den Tod geht. Aber vielleicht denken wir da auch einfach in die falsche Richtung. Wenn die Seele unsterblich ist, dann sollte der Verlust des Körpers keine so große Bedeutung haben. In der »Bhagavadgita« heißt es: »Die Seele unverletzbar, ewig ist, in eines jeden Leib, darum die Wesen allesamt darfst du betrauern nimmermehr.« Aber – ist die Seele unsterblich? Aus den Erscheinungen, die der Spiritismus hervorbringt, läßt sich ein eindeutiger Beweis dafür jedenfalls nicht ableiten. Gibt es noch andere Indizien?

Ich denke schon.

Literaturempfehlung Kapitel 11:

Horst Miers: »Lexikon des Geheimwissens«
Hans Bender: »Umgang mit dem Okkulten«
Fanny Moser: »Das große Buch des Okkultismus«
Karl Schnelting: »Geistige Heilung«
Tom Johanson: »Zuerst heile den Geist«
Keith Sherwood: »Die Kunst spirituellen Heilens«

Kapitel 12

Des Körpers leuchtende Hülle

Von der Aura zum morphogenetischen Feld

Die Seele als leuchtende Kugel: eine Vision der heiligen Hildegard / Kirlianfotografie: Semjon Davidovitsch bringt die Haut zum Strahlen / Peter Mandel liest die Krankheit aus Hand und Fuß: die Energetische Terminalpunktdiagnostik / Rupert Sheldrake: morphogenetische Felder steuern ein schöpferisches Universum / Zwei Seelen wohnen, ach, in meinem Körper: eine metaphysische Spekulation.

Die Idee von der Unsterblichkeit der Seele gehört zu den Grundgedanken der meisten Religionen und Philosophien der Welt. Man denkt sich den Menschen als ein aus verschiedenen physischen und metaphysischen, irdischen und überirdischen Elementen zusammengesetztes Wesen.

Der griechische Philosoph Plato und der Apostel Paulus sprachen von einer Dreiteilung des Menschen in Körper, Seele und Geist.

Der persische Religionsstifter Zarathustra und die jüdische Geheimlehre der Kabbala teilten den mittleren, seelischen Bereich noch in zwei Instanzen – von denen die eine für Form und Gestalt des Körpers verantwortlich ist, die andere für die seelischen Eigenschaften, Talent und Charakter.

In der altgriechischen Anschauung wurde unterschieden zwischen »Thymos«, einer beim Tode verfliegenden »Lebenskraft« – und »Psyche« als einem unsterblichen »Ebenbild« der Person.

Einige esoterische Schulen differenzieren die Einteilung des Menschen weiter und nehmen teilweise bis zu neun verschiedene leiblich-seelisch-geistige Ebenen an.

Gemeinsam ist all diesen Auffassungen die Grundannahme, daß der Mensch eine Mischung aus sterblichen und unsterblichen Anteilen ist – und daß der unsterbliche Teil sich für eine gewisse Zeit mit dem sterblichen Teil, dem stofflichen Körper, verbindet.

Eine sehr eindrucksvolle Schilderung dieses Vorgangs gab die heilige Hildegard von Bingen um die Mitte des 12. Jahrhunderts. Im Alter von 42 Jahren war ihr in einer Vision ein Lichtwesen erschienen – sie nannte es das »lebendige Licht« – und dieses Wesen »diktierte« ihr eine Reihe von Werken. Das erste war SCIVIAS – Wisse die Wege. Darin heißt es:

»Und dann sah ich einen übergroßen, hellen Glanz, der wie in zahllosen Augen flammte und seine vier Winkel nach den vier Himmelsgegenden richtete. Inmitten dieses Glanzes erschien ein anderer Glanz, gleich dem Morgenrot in Purpurblitzen leuchtend. Gleichzeitig sah ich eine Frau, die die volle Gestalt eines Menschen in ihrem Schoße trug.

Und siehe, nach der geheimen Verfügung des himmlischen Schöpfers regte sich diese Gestalt in erwachender Lebensbewegung, und eine Feuerkugel, die nicht die Umrisse des menschlichen Körpers hatte, nahm das Herz der Gestalt in Besitz, berührte ihr Gehirn und ergoß sich durch alle ihre Glieder.

Nachdem nun also die belebte Menschengestalt aus dem Schoße der Frau hervorgegangen war, wechselte sie je nach den Bewegungen, die die feurige Kugel in ihr hervorbrachte, ihre Farbe.«

Die Seele als eine feurige Kugel, deren Bewegung dazu führt, daß die »Farbe« des Menschen sich ändert – diese Schilderung der heiligen Hildegard erinnert an einen Begriff, der sehr alt ist und in vielen verschiedenen Kulturen auftaucht: die sogenannte »Aura« – eine farbige Lichterscheinung, die den menschlichen Körper umgibt und von Mystikern, Visionären und Medien oft beschrieben wurde. Auch auf vielen Heiligenbildern ist sie abgebildet als eine Art Strahlenkranz – oft allerdings geschrumpft bis auf den kopfumrandenden Heiligenschein, den sogenannten »Nimbus«.

Nach Ansicht esoterischer Lehren ist die »Aura« ein Bestandteil des feinstofflichen »Ätherkörpers«, der als eine Art Bildner, Baumeister oder Organisationsprinzip des stofflichen Körpers angesehen wird.

Aus eigener Erfahrung kennen wir den Eindruck, daß unser Körper nicht mit der Haut aufhört. Man spürt gelegentlich, ohne es zu sehen, daß jemand hinter einem steht, man wahrt eine gewisse Distanz zu anderen Menschen und fühlt sich unbehaglich, wenn sie unterschritten wird. Nur bei Menschen, die uns sehr vertraut oder besonders sympathisch sind, machen wir eine Ausnahme. In unserer Umgangssprache ist oft von der – positiven oder negativen – »Ausstrahlung« eines Menschen die Rede, und es gibt Hinweise dafür, daß dies nicht nur im übertragenen Sinne zu verstehen ist.

Die »Aura« gilt seit alters als Ausstrahlung einer »Lebensenergie«, die von den alten Ägyptern »Ka«, von den Indern »Prana« und von den Chinesen »Chi« genannt wurde. Nach Auffassung der traditionellen chinesischen Medizin zirkuliert diese »Lebensenergie« in bestimmten Leitbahnen, sogenannten »Meridianen«, auf der Körperoberfläche. Diese Meridiane werden bestimmten Funktionskreisen zugeordnet, die verschiedene Organbereiche umfassen. Unregelmäßigkeiten im Energiefluß stehen mit Störungen in den betreffenden Organbereichen in Zusammenhang. In der Akupunktur versucht man, durch Nadelung verschiedener Punkte auf den Meridianen die Störungen im Energiefluß auszugleichen und damit auch auf die Organbereiche einzuwirken. Die Endpunkte der Meridiane liegen in den Finger- beziehungweise in den Zehenspitzen.

Diese Körperenergie ist kein esoterisches Phantasiegebilde, man kann sie messen und sogar bildlich festhalten durch ein spezielles Verfahren der Hochfrequenzfotografie, das der sowjetische Ingenieur Semjon Davidovitsch Kirlian entwickelt hat. Als die »Kirlianfotografie« im Westen bekannt wurde, erregte sie großes Aufsehen, denn die Objekte, die Kirlian in einem Hochfrequenzfeld fotografierte, zeigten an den Rändern seltsame Leuchterscheinungen, feingliedrige Abstrahlungen, auch »Lumineszenzen« genannt, deren Herkunft man sich damals nicht so recht erklären konnte. Bei toten Objekten sind die Abstrahlungen gleichmäßig, während sie sich bei lebenden Objekten in dynamischer Weise verändern. Inzwischen weiß man, was diese Lumineszenzen zu bedeuten haben. Mit wissenschaftlichen Mitteln kann man heute messen, daß unser Körper elektromagnetische Wellen verschiedener Stärke und Frequenz ausstrahlt und daß die elektrische Ladung der Haut an verschiedenen Stellen eine unterschiedliche Stärke hat. Und diese Unterschiede bilden sich auch in der »Kirlianfotografie« ab.

»In erster Näherung ist es das Bild der Oberflächenladungsverteilung auf der Hautoberfläche«, erklärt der Physiker Dr. Fritz Popp, ein Spezialist auf diesem Gebiet. »Die Ladungsverteilung auf der Hautoberfläche sagt etwas aus über gewisse Feldverteilungen auch im Organismus selbst. Diese Feldverteilung im Organismus wiederum steuert und kontrolliert biochemische Prozesse, so daß wir hier auch die Anbindung an die Funktionen im Organismus haben. Das ist auch insofern interessant, als man heute weiß, daß in kannibalischen Tierstämmen jene Tiere immer Opfer sind – also von den anderen aufgefressen werden –, deren Ladungsverteilung auf der Oberfläche pathologisch verschoben ist.«

Wenn Tiere offenbar Veränderungen im Energiefeld ihrer Artgenossen wahrnehmen können –, sollte uns Menschen dies dann nicht auch möglich sein? Haben wir vielleicht nur verlernt, darauf zu achten? Und wenn dieses Energiefeld über die Befindlichkeit unseres Körpers Auskunft gibt, sollte sich dies dann nicht auch für diagnostische Zwecke nutzen lassen?

Der Heilpraktiker Peter Mandel hat seit 1973 auf Grund der Kirlianfotografie ein Verfahren entwickelt, das er »Energetische Terminalpunktdiagnostik« nennt. Dabei werden Finger- und Fußspitzen der Patienten fotografiert und die Lumineszenzen, die Abstrahlungen an den Endpunkten der Akupunkturmeridiane, in ihrer Bedeutung für die zugehörigen Organe interpretiert.

»Der Ausgangspunkt«, so sagt Peter Mandel, »war die Überlegung, das ganze System der Meridiane auf ein Fotopapier zu bringen und es gegenüberzustellen, um so eventuelle Hinweise zu bekommen. Und das ist geglückt. Schon nach einem halben Jahr hatten wir eine Topografie, die sich auf klinische Befunde stützte und die zeigte, welche Form von Lumineszenz zu welcher Störung gehört. Und das hat sich mit den Jahren natürlich enorm verbessert. Wir haben inzwischen auch Statistiken, die beweisen, daß die Phänomene, die man dort sieht, mit bestimmten Erkrankungen in Zusammenhang stehen. Und aus den Phänomenen bekommt man nicht nur Hinweise auf die jeweilige Erkrankung, sondern auch gleichzeitig Therapiehinweise – was muß ich tun für diese Erkrankung, die nicht unbedingt ihre Ursache an dem Ort haben muß, wo sie in Erscheinung tritt. Das sieht man auch – den Weg zurück zur Ursache. Und dann therapieren wir entsprechend, und in den meisten Fällen klappt das recht gut. Natürlich kann diese Fotografie nicht alles, das muß man also auch sagen.«

Besonders interessant ist bei diesem Verfahren, daß man damit Störungen bereits erkennen kann, bevor sie Organe in Mitleidenschaft gezogen haben, und so vorbeugend eingreifen kann. Ich habe dieses Verfahren selbst ausprobiert, als wir es filmten, und konnte bestätigen, daß die Befunde, die Peter Mandel mir nannte, zutreffend waren. Ich kannte sie schon – allerdings auf Grund sehr viel umständlicherer und aufwendigerer Untersuchnungen. Insofern hat mich dieses einfache und preiswerte Diagnoseverfahren, das nur wenige Minuten in Anspruch nimmt, schon überzeugt. Und es wäre zu wünschen, daß es sich – zumindest als Ergänzung – auch im Bereich der Schulmedizin ein wenig mehr verbreiten würde.

In dem Zusammenhang, um den es in unser Sendereihe und in diesem Buch geht, interessiert aber weniger der medizinische Aspekt, sondern die Frage, ob die Ausstrahlungen, die hier fotografiert wurden, etwas mit der »unsterblichen Seele« zu tun haben.

Der Begriff »Seele« ist schwer zu fassen, die Definitionen sind fließend und es ist leicht, hier mit den gleichen Worten aneinander vorbeizureden. Wenn wir aber die Seele als eine Instanz betrachten, die für die Form, für die Eigenschaften und Merkmale unseres Körpers und unseres Charakters verantwortlich ist, dann wird klar, daß sie vor allem eine informative, eine organisatorische, Ordnung schaffende Funktion hat. Energie allein kann aber keine Ordnung schaffen, und Materie allein ebensowenig. Und so muß die Seele wohl etwas sein, das weder dem energetischen noch dem stofflichen Bereich zuzuordnen ist. Aber welchem Bereich dann?

Ende des 19. und Anfang des 20. Jahrhunderts glaubte die Wissenschaft noch, mit den Begriffen Kraft (Energie) und Stoff (Materie) auskommen und die Beschaffenheit des Universums erklären zu können. Aber das Vorhandensein selbständiger, lebendiger Einheiten – im Sinne ganzheitlicher Systeme, die in der Bewegung und im Austausch von Materie und/oder Energie ihre Form aufrechterhalten – erfordert zwangsläufig die Annahme einer dritten Komponente, die man als »Information« oder »Intelligenz« oder »Geist« bezeichnen könnte. Diese

Komponente ist die wesentlichste, das heißt: die oberste in der Hierarchie von Ursache, Wirkkraft und Bewirktem. Sie liegt jenseits von Energie und Materie, ist unsichtbar, unwägbar, unmeßbar und für unseren Verstand nur aus den Wirkungen heraus, deren Ursache sie ist, erkennbar. Wer sie sehen will, muß die Augen schließen und mit dem Herzen sehen, so wie es der Fuchs in Saint Exupérys Geschichte vom Kleinen Prinzen empfohlen hat: »Man sieht nur mit dem Herzen gut. Das Wesentliche ist für die Augen unsichtbar.«

Energie allein ist nicht schöpferisch, und sie kann, je nachdem wie sie benutzt wird, entweder konstruktiv oder destruktiv sein. Wenn man – dieses hübsche Beispiel verdanke ich Dr. Fritz Popp – eine Stradivari nimmt und ihr nur Energie zuführt, indem man sie zum Beispiel in den Backofen steckt, dann bekommt man als Ergebnis allenfalls eine kaputte Geige, aber keine Musik. Um Musik zu bekommen, muß man zwar auch Energie aufwenden – aber auf eine ganz besondere, kunstvolle und vom Geist gesteuerte Art und Weise – mit Hilfe eines Geigenbogens und sehr viel Übung.

Auch Materie allein ist nicht schöpferisch. Wenn man einen Klumpen Ton auf die Töpferscheibe klatscht und sonst nichts weiter tut, dann wird beim besten Willen daraus kein Topf entstehen – selbst wenn er zehn oder zwanzig Milliarden Jahre dort liegen bleibt. Und auch wenn nur bloße, nichtgeordnete Energie hinzukommt, zum Beispiel indem man die Töpferwerkstatt in Brand steckt, wird aus dem Ton kein Topf, sondern nur aus dem rohen ein gebrannter Tonklumpen. Und der hat ein noch niedrigeres Ordnungsniveau, denn in ihm steckt nicht einmal mehr die Möglichkeit, ein Topf zu werden. Es gehören auch hier ein steuernder Geist, Kenntnis und Geschicklichkeit dazu – personifiziert durch die Töpferin oder den Töpfer – damit ein Topf entstehen oder besser gesagt: geschaffen werden kann.

Diese drei Komponenten: Stoff, Kraft und steuernder Geist, oder Materie, Energie und Information - wie immer man sie nennen will - finden sich in allen lebendigen, selbstorganisierten Systemen, die ihre Gestalt durch Energieaustausch oder Stoffwechselvorgänge aufrechterhalten. Und es spielt dabei im Prinzip keine Rolle, ob es sich dabei um eine Amöbe handelt oder einen Elefanten.

Wir können also davon ausgehen, daß es eine von Materie und Energie unabhängige Ordnungsinstanz gibt, die mit Hilfe der Energie die Materie ordnet und - zum Beispiel - zu einem menschlichen Körper aufbaut. Und diesen Körper dann auch - trotz des ständigen Wandels der materiellen Bestandteile durch den Stoffwechsel - in seiner Form erhält.

Die Energieausstrahlungen, die mit dem Kirlianverfahren fotografiert werden, sind also sozusagen nur das »Werkzeug« dieser Organisationsinstanz, aber nicht die Organisationsinstanz selbst. Sie sind nur eine Äußerung der Seele - aber nicht die Seele selbst.

Naturwissenschaftler sprechen heute, wenn sie diese Ordnungsinstanz meinen, nicht mehr von »Seele«, sondern vom »morphogenetischen Feld«.

Anfang der 80er Jahre schrieb der englische Biologe Rupert Sheldrake ein Buch über »morphogenetische Felder«, das heftiges Aufsehen erregte: *Das schöpferische Universum.* Sein Ausgangspunkt war dabei die Frage, wie im biologischen Bereich Formen entstehen. Warum zum Beispiel die gleiche Art von Zellen mit den gleichen Genen und aus den gleichen Eiweißbausteinen an einer Stelle des Körpers eine Hand aufbaut, an einer anderen ein Bein, links ein linkes und rechts ein rechtes Ohr, und so weiter. Auf einer rein chemisch-physikalischen Ebene ist dies nicht zu erklären. Inzwischen hat er noch ein zweites Buch zu diesem Thema veröffentlicht: *Das Gedächtnis der Natur.* Ich habe 1984 ein längeres Interview mit ihm geführt, in dem er sehr klar und präzise seine Ansichten erläuterte. Zu Beginn fragte ich ihn, wie er auf die Theorie des morphogenetischen Feldes gekommen sei.

»Ich beschäftigte mich an der Universität von Cambridge mit der Form von Pflanzen und deren Entwicklung«, erzählte Rupert Sheldrake. »Das Problem der Form ist in der Biologie bis heute nicht zufriedenstellend geklärt – das Problem, wie eine bestimmte Form entsteht. Wir wissen eine Menge über die chemischen Vorgänge im Organismus, in der DNS und anderen Verbindungen. Aber die Ursache, weshalb ein Arm ein Arm oder ein Bein ein Bein wird, weshalb Blätter oder Blüten ihre Gestalt bekommen, ist noch nicht bekannt. Und das hat mich zur Frage der Entstehung von Formen in der Biologie geführt. Es gibt in diesem Bereich seit über hundert Jahren eine ganzheitliche Denkrichtung, die versucht, neue Vorstellungen über die Entstehung von Formen zu entwikkeln. Und aus dieser Tradition heraus entstand die Idee des morphogenetischen Feldes, die 1922 zum erstenmal vorgestellt wurde. Und ich versuche, diese Gedankengänge weiterzuentwickeln.«

»Woraus«, so wollte ich wissen, »besteht ein morphogenetisches Feld? Was hat es für eine Struktur und wo befindet es sich?«

»Morphogenetisches Feld«, so meinte er, »bedeutet soviel wie: formbildendes Feld. Es gestaltet die Form des Organismus', der während seines Wachstums durch dieses unsichtbare Feld geformt, geprägt wird. Das Feld bildet eine Art unsichtbares Muster in und um den Organismus. So wie zum Beispiel ein magnetisches Feld im Magneten und darum herum ein Muster bildet, das in den Raum hineinwirkt. In gleicher Weise bildet das morphogenetische Feld eine Form oder cin Muster, das den Organismus umhüllt. Das Problem bei diesen Feldern ist ihre Unsichtbarkeit. Aber das trifft auch für alle anderen Felder in der Physik zu, ob es nun Gravitationsfelder oder elektromagnetische Felder sind, oder Quantenfelder. All diese Felder sind unsichtbare Strukturen – und meine Theorie besagt, daß wir es hier mit einer solchen unsichtbaren Struktur zu tun haben, die an der Formung der Materie beteiligt ist.«

»Und wo«, fragte ich Rupert Sheldrake, »kommt das Feld her? Entsteht es vor dem Organismus oder zusammen mit dem Organismus? Wie entwickelt es sich?«

»Das morphogenetische Feld verbindet sich mit der Eizelle, die ihrerseits bereits Teil eines lebenden Organismus' ist«, sagte er. »Bei der geschlechtlichen Fortpflanzung kommen Eizelle und Sperma zusammen und beide stammen von lebenden Organismen derselben Gattung, so daß das Leben immer aus dem Lebendigen entsteht und nie aus dem Leblosen oder Ungeformten. Nach meiner Theorie bezieht das morphogenetische Feld seine Struktur aus den morphogenetischen Feldern von anderen Angehörigen der gleichen Gattung – mit Hilfe von unsichtbaren Verbindungen durch Zeit und Raum.«

»Und dieses Feld trägt die Information des Körpers«, fragte ich, »seines Wesens, seiner Beschaffenheit?«

»Ja«, meinte Rupert Sheldrake. »Alles, was mit Form und Struktur zu tun hat. Der Grund, weshalb das Ei oder der wachsende Organismus den Einfluß des morphogenetischen Feldes aufnimmt, ist seine Ähnlichkeit mit früheren Artgenossen. Und diesen Einfluß von Gleichartigem auf Gleichartiges nenne ich morphische Resonanz.«

»Wie geht das vor sich?«

»Durch raum-zeitliche Verbindungen aufgrund der Gleichartigkeit der morphogenetischen Felder. Die morphogenetischen Felder kommunizieren miteinander durch morphische Resonanz. Man könnte einwenden: dies sind nur Worte und es hilft nicht, die Sache zu klären. Aber der Wert einer wissenschaftlichen Theorie hängt von den Voraussagen ab, die sie ermöglicht. Alle wissenschaftlichen Theorien führen sichtbare Wirkungen auf unsichtbare Ursachen zurück. Niemand hat je ein Quantenfeld gesehen, oder ein Gravitationsfeld, oder ein elektrostatisches Feld. Wir können diese unsichtbaren theoretischen Gebilde nur an ihren Wirkungen messen. Die Voraussagen einer Theorie beziehen sich auf solche meßbaren Wirkungen und meine Theorie erlaubt eine ganze Reihe von Voraussagen.«

»Können Sie uns ein Beispiel geben«, fragte ich, »wie morphische Resonanz wirkt? Wie kann man sie nachweisen?«

»Die einfachste Methode«, sagte Rupert Sheldrake, »besteht darin, die Voraussagen zu überprüfen. Die Theorie besagt, daß jede Gattung über ein gemeinsames Sammelgedächtnis verfügt, eine Art kollektiver Erinnerung. Und dies sollte zum Beispiel auch für Ratten gelten. Wenn man Ratten in Deutschland ein Kunststück beibringt, dann müßten, so sagt die Theorie, Ratten in irgendeinem anderen Land das gleiche Kunststück schneller erlernen können. Und man kann experimentell nachprüfen, ob dies der Fall ist oder nicht. Es sind in der Vergangenheit bereits etliche Experimente dieser Art mit Ratten gemacht worden, nicht um meine Theorie zu prüfen, sondern aus anderem Anlaß. Und dabei hat sich in der Tat herausgestellt, daß Ratten in der ganzen Welt ein neues Kunststück im Laufe der Zeit schneller lernten. Dies wurde in Amerika, Schottland und Australien festgestellt, und zwar nicht nur bei Ratten, deren Eltern dies gelernt hatten, sondern bei allen Ratten aus der gleichen Zucht. So gibt es etliche Hinweise dafür, daß diese Wirkung vorhanden ist. Wenn nun Ratten etwas gelernt haben und andere Ratten in anderen Erdteilen dies dann schneller lernen, dann würde ich meinen, daß dafür die morphische Resonanz verantwortlich ist. Man könnte aber auch sagen, das ist nicht morphische Resonanz, sondern Rattentelepathie. Dann könnte man fragen: was ist der Unterschied zwischen Rattentelepathie und morphischer Resonanz?

Ich weiß es nicht. Ich meine, dieser Bereich sollte erforscht werden. Aber sicherlich findet man in dieser Richtung eher eine Erklärung für Telepathie als aus der Sicht einer konventionellen und mechanistischen Biologie.«

»Hat das morphogenetische Feld«, so wollte ich von Rupert Sheldrake wissen, »etwas mit dem zu tun, was wir Seele nennen?«

»Das kommt darauf an«, meinte er, »was man unter Seele versteht. Die Seele, so wie Aristoteles oder das Mittelalter oder der große deutsche Embryologe Hans Driesch sie verstanden haben, war das, was den Körper formte. Plato sagte: ›Die Seele ist nicht im Körper, der Körper ist in der Seele‹. Alle Gattungen von Pflanzen und Tieren hatten eine Seele, die ihnen ihre Form gab. Und im Englischen nennt man Tiere ›animals‹, weil sie eine Seele, ›anima‹, besaßen, und leblose Dinge nennt man ›inanimate‹, das heißt seelenlos. Man war der Ansicht, daß jedes lebendige Wesen eine Seele hat. In diesem alten und allgemeinen Sinne verstanden, entspricht die Seele in gewisser Weise dem morphogenetischen Feld, da dieses dem Körper seine Form gibt, so wie nach Auffassung von Aristoteles und den scholastischen Philosophen des Mittelalters die Seele dem Körper seine Form gab. Seit dem 17. Jahrhundert ist allerdings der Begriff Seele auf den Menschen beschränkt worden, und man verwandte ihn im Sinne einer spirituellen, geistigen Seele. Aber Form, Instinkt und Bewegung gelten seit dem 17. Jahrhundert nicht mehr wie in den alten Philosophien als Eigenschaften der Seele. Und dadurch hat dieser Begriff eine andere Bedeutung bekommen.«

»Nehmen Sie an«, fragte ich, »daß das morphogenetische Feld den Körper überlebt – und wenn ja, in welcher Weise?«

»Sein Überleben besteht nach meiner Theorie vorwiegend darin, daß es auf zukünftige Artgenossen Einfluß ausübt«, meinte Rupert Sheldrake. »Es gibt eine Art kollektiver Erinnerung, ein gemeinsames Gedächtnis, an dem alle Mitglieder einer Gattung teilhaben. Sie bringen dort Informationen ein und beziehen Informationen von dort. Und auf diese Weise können die Erfahrungen eines Lebewesens weiterleben. Was aber das individuelle menschliche Überleben angeht, so spricht die Theorie weder dafür noch dagegen. Sie läßt diese Frage offen.«

Wir haben 1985 in der ersten Staffel unserer Sendereihe »Die Erde, der Himmel und die Dinge dazwischen« ein Fernsehexperiment durchgeführt, um Rupert Sheldrakes Theorie von der morphischen Resonanz zu überprüfen. Wir zeigten ein Vexierbild, in dem man, mit viel Phantasie, eine Frau mit Sonnenschirm erkennen konnte. Vor der Sendung wurde getestet, wieviele Menschen diese Figur erkannten. Dann zeigten wir das Bild in der Sendung, und anschließend wurde der Test wiederholt. Gemäß der Theorie hätten jetzt mehr Menschen die Figur erkennen müssen – aber dies war nicht der Fall, es waren weniger. Keine Bestätigung also für die morphische Resonanz. Inzwischen hat es eine Reihe anderer Experimente gegeben, die positiv ausgegangen sind, aber ob darin ein Beweis für die Richtigkeit der Theorie zu sehen ist, darüber streiten sich noch die Gelehrten.

Aber auch wenn man annimmt, daß sie richtig ist, spricht dies lediglich für die Existenz einer kollektiven Erinnerung der Menschheit – ähnlich dem, was der Schweizer Psychologe C. G. Jung als das »kollektive Unbewußte« bezeichnet hat – nicht aber für eine mögliche Unsterblichkeit der Seele.

Aber ist das morphogenetische Feld überhaupt das, was wir Seele nennen? Ich glaube, es könnte hilfreich sein, wenn wir einmal zurückkehren zu jener alten Vorstellung, wie sie bei Zarathustra, in der Kabbala und bei den Griechen herrschte, der Vorstellung von den zwei Seelen. Dies ist natürlich eine reine Spekulation. Aber nehmen wir einmal an, daß es zwei Seelen gäbe, eine »Körperseele«

(oder Gattungsseele) und eine »Geistseele« (oder Individualseele). Die Körperseele entspräche etwa dem, was Sheldrake als morphogenetisches Feld bezeichnet (beziehungsweise »thymos« / »anima« der Antike) – und ist die Instanz, die für Form und Gestalt des Körpers verantwortlich ist. Diese Körperseele wäre mit der Eizelle verbunden und gestaltet den Körper mit Hilfe der genetischen Bausteine, die sie in der DNS vorfindet. Man könnte annehmen, daß die Geistseele hier bei der Auswahl der Chromosomen und ihrer Zusammenstellung beteiligt ist. Die Körperseele könnte sozusagen als der »Architekt«, die Geistseele als der »Bauherr« betrachtet werden, und beide stimmen Form und Einrichtung der »körperlichen Seelenbehausung« miteinander ab.

Die Geistseele (im Sinne von »psyche« / »spiritus« der Antike) zieht in den Körper ein, sobald dieser fertiggestellt ist – entsprechend der Vision der heiligen Hildegard zu Anfang dieses Kapitels. Als zusätzlichen Hinweis für diesen Vorgang könnte man das Erscheinen der Handlinien betrachten, das etwa um diese Zeit, Ende des dritten Schwangerschaftsmonats, stattfindet. Die Handlinien sind ein einmaliges und unverwechselbares Zeichen unserer Individualität, und sie geben dem Kundigen auch Auskunft über unseren Charakter. Außerdem werden auch die Gehirnwellenmuster des heranwachsenden Kindes von dieser Zeit an immer individueller.

Die Annahme einer Körperseele könnte die Gestaltung unseres Körpers erklären, die nicht gänzlich auf chemische und physikalische Vorgänge zurückzuführen ist. Sie könnte auch eine Erklärung liefern für solche Phänomene, wie den »Phantomschmerz«, den wir am Beispiel des Taxifahrers Harold Librach im zweiten Kapitel beschrieben haben. Denn als ein Teil der Körperseele wäre ja auch ein amputiertes Bein dann immer noch vorhanden.

Die Geistseele könnte eine Erklärung liefern für die spezielle Art unserer Eigenschaften, unseres Charakters, unserer Talente und so weiter, deren Beschaffenheit weder durch biologische und physiologische noch genetische oder soziale Faktoren allein zu erklären ist.

Dieses Denkmodell mag unvollkommen sein, die Benennungen ungenau – aber die Annahme solcher Prinzipien, die für die Gestaltung des körperlichen und des geistig-seelischen Menschen verantwortlich sind, erscheint mir immer noch plausibler als die Behauptung, all das sei lediglich ein Produkt des blinden Zufalls, die ich schlicht für absurd halte.

Die Körperseele muß, zumindest solange er lebt, untrennbar mit dem Körper verbunden sein, denn sie organisiert und steuert die Körpervorgänge. Der Körper wäre ohne sie nicht lebensfähig. Paracelsus meinte vielleicht das gleiche, als er sagte: »Der himmlische Leib in uns hält den irdischen Leib zusammen, und wenn dieser Leib der Gnade nicht wäre, so stürbe der irdische Leib in der ersten Stunde seines Daseins.«

Die Geistseele ist zwar auch mit dem Körper verbunden, aber sie könnte sich, da sie nicht mit der Organisation der körperlichen Lebensvorgänge beschäftigt ist, für einige Zeit vom Körper entfernen. Und wenn man annimmt, daß sie unser Bewußtsein enthält, würde dies bedeuten, daß sich auch unser Bewußtsein für einige Zeit vom Körper entfernen kann. Dies wäre zum Beispiel eine Erklärung für die hellseherischen Fähigkeiten des Polizisten Pat Price, von dem, wie wir in Kapitel 8 berichtet haben, Russell Targ sagte: ». . . es war, als ob er sich von einer großen Höhe rasch auf den Zielort hinunterbewegte . . .«

Was wäre nun, aus der Sicht eines solchen Denkmodells betrachtet, der Tod? Man könnte annehmen, daß beide Seelen den Körper verlassen, und seine materielle Substanz, die jetzt von keinem ordnenden Prinzip mehr zusammengehalten wird, der Unordnung und dem Zerfall preisgegeben ist.

Was wird nun aus den beiden Seelen, die übrigbleiben? Die Körperseele könnte zum Beispiel als eine Art »Gattungsseele« in einer kollektiven »Menschheitsseele« aufgehen. Die Geistseele als »Individualseele« könnte als geistig-seelische Struktur auf einer nichtmateriellen Ebene erhalten bleiben und hätte dann von dort aus die Möglichkeit, sich aufs neue mit einem anderen Körper zu verbinden.

Dies sind natürlich abenteuerliche Spekulationen. Und ein solches Konzept ist allein deshalb, weil es sich der Sprache bedient und man die Wirklichkeit eines kosmischen Geschehens auf so unvorstellbar vielen Seinsebenen mit Hilfe der Sprache nicht angemessen beschreiben kann, unzureichend und bestenfalls eine Annäherung an das, was wirklich ist. Aber solche Überlegungen sind doch nicht so ganz von der Hand zu weisen. Denn es gibt nicht nur Grund zu der Annahme, daß unser Bewußtsein, in welcher Form auch immer, sich für einige Zeit vom Körper trennen kann – es gibt dafür mittlerweile sogar wissenschaftliche Beweise.

Das Stichwort: »außerkörperliche Erfahrung« – AKE.

Literaturempfehlung Kapitel 12 und 13:

Peter Mandel: »Energetische Terminalpunktdiagnostik«
Fritz Popp: »Biologie des Lichts«
Rupert Sheldrake: »Das schöpferische Universum«
und »Das Gedächtnis der Natur«
Raymond Moody: »Leben nach dem Tod«
Michael Sabom: »Erinnerungen an den Tod«
K. O. Schmidt: »Das abendländische Totenbuch«
Hoimar von Ditfurth: »Wir sind nicht nur von dieser Welt«
Lotte Ingrisch: »Nächtebuch« und »Reiseführer ins Jenseits«

Kapitel 13

Kein Tod ist in der Schöpfung, nur Verwandlung ...

Außerkörperliche Erfahrung und Unsterblichkeit

Ausflüge ins Totenreich: die Studie des Dr. Sabom / Lotte Ingrisch: eine Seele fliegt spazieren / Am Anfang war der Geist: Hoimar von Ditfurth / Nichts kann vernichtet werden: der Satz von der Erhaltung des Bewußtseins / Das Jenseits ist im Diesseits schon enthalten: noch einmal Lotte Ingrisch / Zeugen der Unsterblichkeit.

Unter »außerkörperlicher Erfahrung« versteht man einen veränderten Bewußtseinszustand, in dem der Mensch sich als außerhalb seines Körpers befindlich erlebt. Er ist dabei in der Lage, seinen eigenen Körper und dessen Umgebung zu sehen, sich körperlos an entfernte Orte zu begeben und beispielsweise die Unterhaltung anderer Menschen zu belauschen oder Gegenstände wahrzunehmen.

Gut und umfangreich dokumentiert sind heute außerkörperliche Erfahrungen im Zusammenhang mit sogenannten »Sterbeerlebnissen« von Menschen, die »klinisch tot« waren und wiederbelebt wurden.

In den 70er Jahren veröffentlichte der amerikanische Arzt Dr. Raymond Moody ein Buch über die seltsamen Erfahrungen von Menschen, die solche Erlebnisse hinter sich hatten. Ihre Aussagen zeigten verblüffende Übereinstimmungen: alle hatten ein Gefühl der Trennung vom Körper empfunden sowie von Ruhe und Frieden. Viele konnten beschreiben, was sich im Verlauf ihrer Wiederbelebung abgespielt hatte, und andere berichteten von einem »Überwechseln in eine jenseitige, transzendente Welt«, von Begegnungen mit »Geistwesen« oder verstorbenen Verwandten.

Ein Kollege von Dr. Moody, der Herzspezialist Dr. Michael Sabom, hielt diese Berichte für Humbug und wollte sie durch eine eigene Untersuchung widerlegen. Was dabei herauskam, war dann allerdings eine Bestätigung. Dr. Sabom befragte über hundert Patienten, die »klinisch tot« waren. Vierzig Prozent der Befragten konnten mit zum Teil verblüffender Genauigkeit berichten, was sich während ihrer Wiederbelebung im Operationssaal abgespielt hatte, welche Geräte eingesetzt, und zum Teil sogar, was dabei gesprochen wurde. Über die Hälfte berichtete, daß sie nach ihrer Trennung vom Körper durch einen langen dunklen Tunnel in ein helles Licht hineinflogen. Dieses »Tunnelerlebnis« ist auch von Mystikern geschildert worden, Hieronimus Bosch hat dieses Motiv in einem seiner Bilder gemalt – und wir haben es für den Titelvorspann unserer Sendereihe verwendet.

Dr. Sabom hatte erwartet, daß sich die Beschreibungen der Patienten als Phantasien oder Halluzinationen erweisen würden, aber dies war nicht der Fall. »Ich mußte schließlich annehmen«, sagte er in einem Fernsehinterview, »daß sie diese Informationen auf einem noch nicht nachvollziehbaren Weg bekommen hatten. Und es war eben nicht so, daß sie etwas Ähnliches vielleicht einmal im Fernsehen gesehen und es dann mit dem eigenen Herzstillstand vermischt hatten. Es war mehr. Die ganz spezifischen Einzelheiten, die sie wiedergeben konnten, überzeugten mich einfach. Es war mehr als Phantasie. Das Bewußtsein ist getrennt vom Körper und seinem Gehirn und es kann sozusagen von außen wahrnehmen, was mit dem Körper geschieht. Mit meiner Studie habe ich zeigen können, daß es solche Erfahrungen während des Sterbevorgangs wirklich gibt.«

Die Menschen, von denen die Studie berichtet, waren nicht wirklich, sie waren nur »klinisch tot«, und das bezeichnet einen Zustand tiefer Bewußtlosigkeit, in dem beim Patienten keine äußeren Lebenszeichen – Atmung,

Reflexe oder Herztätigkeit – mehr vorhanden sind, der Organismus als Ganzes aber noch nicht tot ist. Sie waren an der Schwelle des Todes – ob sie sie wirklich überschritten haben, kann man so nicht sagen. Als Beweis für die Unsterblichkeit der Seele können solche Erfahrungen also nicht betrachtet werden – aber immerhin doch dafür, daß Menschen auch im Zustand tiefster Bewußtlosigkeit noch Wahrnehmungen machen können, und daß ein Teil ihres Bewußtseins, oder ihrer Seele, oder wie immer man es sonst nennen mag, sich dabei aus ihrem Körper entfernen und sozusagen frei in der Gegend herumfliegen kann.

Solche Erfahrungen sind auch möglich, ohne daß man sich dabei in einem »klinisch toten« Zustand befindet. Und wenn man nach einer Umfrage des Gallup-Instituts geht, dann haben bereits etwa acht Millionen Amerikaner ein solches »out of the body experience«, eine solche »außerkörperliche Erfahrung«, erlebt.

Es scheint sich hier um eine sehr alte und ursprüngliche Erfahrung des Menschen zu handeln, die sich in vielen Märchen und Mythen widerspiegelt. Das Motiv des »fliegenden Teppichs« ließe sich beispielsweise als eine außerkörperliche Erfahrung interpretieren, die in einem Trancezustand erfolgte, der durch konzentriertes Betrachten bestimmter geometrischer Muster auf einem Teppich hervorgerufen wurde. Auch die »Flugreisen« von Schamanen und Hexen könnte man in diese Kategorie einordnen. Untersuchungen der Rezepte von »Flugsalben«, mit denen sich die Hexen vor ihren »Flügen« einzusalben pflegten, haben ergeben, daß hier Substanzen verwendet wurden, die eine bewußtseinsverändernde oder bewußtseinserweiternde Wirkung haben.

Jemand, der auch ohne solche Hilfsmittel außerkörperliche Erfahrungen gemacht hat, ist die österreichische Schriftstellerin Lotte Ingrisch. Sie hat darüber in einem ihrer Bücher, dem *Nächtebuch*, berichtet.

»Ich bin«, so erzählte sie mir in einem Interview für

unsere Sendereihe, »seit ich zurückdenken kann, nachts immer wieder aufgewacht, auch bei Tag, wenn ich mich einmal hinlegte, in einem Zustand der totalen Lähmung, und ich dachte immer, ich hätte irgendeine entsetzliche Krankheit. Ich konnte mich nicht bewegen, das einzige, was ich machen konnte, war ganz leise zu zirpen. Mein erster Mann wußte schon, daß man mich dann rütteln mußte und sich furchtbar bemühen und irgendwann kehrte ich dann zu mir selber zurück, aber ich hatte keine Erinnerung. Mein zweiter Mann, Gottfried von Einem, hat mir erzählt, daß er mich manchmal bis zu zwanzig Minuten gerüttelt und geschüttelt hat und dachte, jetzt ist die Alte tot, denn ich war auch ohne Atem – oder fast ohne Atem, ganz weiß im Gesicht, aber ich kehrte immer wieder zurück.

Durch einen glücklichen Zufall – es gibt keine Zufälle – ging ich eines Tages in ein Antiquariat und nahm aus dem Regal zwei Bücher, ohne sie anzuschauen, bezahlte sie, ging nach Hause und schlug sie auf – und da fand ich alle diese Zustände beschrieben. Dann wußte ich also: ich bin nicht krank, ich habe nur eine vagabundierende Seele, die muß man nur loslassen, dann ist alles in Ordnung. Und dann ging diese Seele auf die abenteuerlichsten Reisen. Dann kehrte sie immer wieder mit einem kleinen Klick, manchmal sanft, manchmal unsanft, in mich zurück. Ich kann diese Zustände nicht willkürlich herbeiführen, möchte es auch nicht. Aber wenn es passiert, ist es sehr schön.«

Ich wollte gerne wissen, wohin diese Reisen gegangen sind.

»Am Anfang rund ums Haus. Ich besuchte meinen Mann, der mich als ungeheures Licht – er dachte, die Sonne geht auf, aber es war mitten in der Nacht – sah, später auch manchmal als kleinere Lichter. Ich ging in den Schafstall. Die Schafe haben sich sehr vor mir gefürchtet, auch die Katzen. Und dann fing ich an, weiter zu reisen. Nach Wien, vom Waldviertel aus, zu Freunden. Ich wurde von manchen gesehen, gespürt. Und später fuhr ich dann ganz, ganz schnell meistens nur mehr hinein in die Sterne. Ich flog einfach davon. Oder manchmal in den Erdboden hinein, ganz, ganz tief. Manchmal rücklings, manchmal mit den Beinen nach vorn, kopfüber, kopfunter. Die Richtungen im Raum scheinen dann nicht mehr zu existieren und auch nicht mehr die Richtungen der Person. Es gibt kein Oben, kein Unten, kein Links und Rechts mehr, das ist sehr schön.«

»Solche Erfahrungen wurden oft auch von Schamanen beschrieben oder von Initiationsriten«, warf ich ein.

»Ich kenne inzwischen auch die gesamte Schamanenliteratur«, meinte Lotte Ingrisch, »und weiß: das hat es immer schon gegeben. Nur in unserer sehr rational ausgerichteten Kultur hat man diese Zustände vergessen, verschwiegen. Und später habe ich mit vielen Menschen gesprochen, die gesagt haben: ja, das ist mir auch passiert. Auch gar keine besonderen Leute – ich glaube, jeder kann's, nur verdrängt er sofort die Erinnerung daran – und die sagten, Gott sei Dank, ich hab immer geglaubt, ich bin krank oder wahnsinnig. Aber wenn sie mir sagen, es ist ganz normal, wunderbar. Es ist ganz normal.«

Wenn man einmal annimmt, daß die Seele – oder wie immer man diese geistige Essenz des Menschen nennen will – sich vom lebenden Körper trennen kann, ohne ihre Identität und ihr Bewußtsein zu verlieren –, sollte man dann nicht auch annehmen können, daß sie im Augenblick des Sterbens ebenso den Körper verläßt?

Für unsere Vorfahren war ein solcher Gedanke selbstverständlich, aber heute tut man sich schwer damit. Man verlangt Beweise, möglichst von der Qualität eines Wunders oder zumindest eine wissenschaftliche Absicherung. Aber die moderne Wissenschaft hat mit dem Geist nicht viel am Hut. Jean Pierre Changeux, ein französischer Neurobiologe, schrieb zum Beispiel 1983: »Wozu von

›Geist‹ reden? Unser Verhalten, unsere Gedanken, unsere Gefühle sind Ergebnisse physikalischer und chemischer Vorgänge im Gehirn.«

Mir kommt diese Ansicht allerdings so vor, als würde man, in bezug auf unser Lieblingsmedium Fernsehen, sagen: »Wozu von Sendeanstalten reden – das Programm ist ein Ergebnis der elektrischen Vorgänge im Fernsehapparat.« Und dann die Gebührenzahlung einstellen mit dem Hinweis, das sei doch mit der Stromrechnung schon erledigt.

Nun gibt es natürlich auch Wissenschaftler, die anders darüber denken, die den »Geist« nicht leugnen, sondern respektieren.

Hoimar von Ditfurth war einer aus diesem Kreis.

Ein kleiner Ausschnitt, der dies verdeutlichen soll, aus einem Gespräch, das Wolfgang Korruhn 1988 mit ihm geführt hat. Auf die Frage, ob er Angst vorm Tode hätte, antwortete Hoimar von Ditfurth: »Ich glaube, daß ich das ehrlich verneinen kann. Ich habe manchmal – und manchmal sogar sehr große – Angst vorm Sterben, weil Sterben sehr qualvoll sein kann. Und unsere Vorfahren, sehr viel realistischer als wir in dieser Hinsicht angesichts der Transzendenz und des Jenseitigen, das für die meisten heutigen Menschen eben keine Realität mehr ist . . .«

»Und für Sie«, warf Wolfgang Korruhn ein, »ist es für Sie eine Realität?«

»Ja selbstverständlich«, meinte Hoimar von Ditfurth, »sicher. Wenn man Naturwissenschaft einmal nicht gehetzt durch den Druck der alltäglichen Anforderungen einer spezialisierten Forschung im Laboratorium, wenn man Naturwissenschaft im Kopf betreibt, wie ich das seit Jahren intensiv versuche, wird man unweigerlich – wenn man unvoreingenommen ist, wenn man nicht unter den Informationen dieser in vieler Hinsicht geistig ein wenig denaturierten Gesellschaft abgestumpft ist – wird man auf die Realität einer jenseitigen Wirklichkeit mit der Nase gestoßen.

Und es ist ja eine meiner Hypothesen, die ich in meinen Büchern ausführlich versucht habe zu begründen, daß die Geschichte dieses Kosmos' die Geschichte ist im Verlaufe derer die Materie in diesem Geist, der vor der Existenz der Welt schon da ist, der die Möglichkeit gewesen ist zu ihrer Entstehung überhaupt, daß die Materie in diesem Geist aufgeht. Und das Jenseits ist für mich die ewige Gegenwart dieses Geistes, von dem ich mit meinem Gehirn, als ein – im Vergleich zu Affe, Hund und Katze – höheres Lebewesen, ein kleines Zipfelchen schon im Kopf habe. Ein ganz kleines Zipfelchen, das meinem Körper wieder entschlüpfen wird, wenn ich sterbe. Ein Zipfelchen Geist, das ich vorübergehend besessen habe, das einer Realität angehört, die es vor mir gab, die es nach mir geben wird, die zeitlos ist . . .«

»Sie sehen sich also«, fragte Wolfgang Korruhn, »so wie ein Lebensträger, der ein Stück Energie bekommt . . .?«

»Energie ist das nicht«, unterbrach Hoimar von Ditfurth, »nein, es ist keine Energie, es ist der Geist, der sich gar nicht zusätzlich durch irgendwelche menschlichen oder irdischen sprachlichen Kategorien weiter beschreiben läßt, dessen wir uns in uns selbst unmittelbar bewußt werden, und über den wir sonst nichts aussagen können.«

»Das ist nicht ganz einfach zu verstehen«, meinte Wolfgang Korruhn.

»Für niemanden . . .«, sagte Hoimar von Ditfurth und lächelte sanft.

In der Physik gibt es den Satz von der Erhaltung der Energie, der besagt, daß Energie weder erzeugt noch vernichtet, sondern nur umgewandelt werden kann. Da Masse und Energie, wie die Formel $E = mc^2$ besagt, gleichgesetzt werden können, muß es also auch ein Gesetz von der Erhaltung der Masse geben, so daß auch die Materie weder erzeugt noch vernichtet, sondern nur verwandelt werden kann. Und zwar auch, in einer Art »Selbsttranszendierung«, in Energie.

Und sollte es dann nicht, wenn der »Geist« bereits vor der Materie da war und eine Art Ordnungsinstanz im Kosmos darstellt, auch einen Satz von der Erhaltung des »Geistes« geben? Dementsprechend der »Geist« ebenfalls weder erzeugt noch vernichtet werden kann, sondern sich allenfalls verwandelt.

Und betrifft das, wenn wir ein »Zipfelchen« dieses Geistes jetzt schon in uns tragen, wie Hoimar von Ditfurth sagte, nicht auch uns?

Und wenn in diesem »Zipfelchen« Geist unser Bewußtsein enthalten ist – sollte es dann nicht auch einen Satz von der Erhaltung des Bewußtseins geben? So daß Bewußtsein ebenfalls weder erzeugt noch vernichtet, sondern nur verwandelt werden kann?

Dann aber bedeutet sterben nicht verschwinden, sondern nur: sich wandeln. Der »Tod« der Raupe ist die »Geburt« des Schmetterlings. Aber die Raupe ist nicht wirklich tot – sie hat sich verwandelt, sie ist: der Schmetterling.

Wo ist das Kind, das wir vorzeiten waren? Es ist nicht tot, aber es ist auch nicht mehr da: es hat sich verwandelt, entpuppt zu einem Erwachsenen. Und warum sollte es nicht noch mehrere solcher Wandlungen, solcher »Entpuppungen« geben, von denen manche uns als Tod erscheinen, solange sie noch nicht vollzogen sind?

Der deutsche Philosoph und Dichter Johann Gottfried Herder (1744 bis 1803) schrieb: »Unsere Seele muß sterben, sagst du, wenn der Körper stirbt? Hast du eine innere Kraft je sterben sehen? Nur das Äußere, Zusammengesetzte sahst du zerfallen. Was in mir lebt, mein Lebendigstes, mein Ewiges, kennt keinen Untergang. Kein Tod ist in der Schöpfung, nur Verwandlung. Wenn die Hülle beim Tode wegfällt, bleibt die Kraft, die schon vor dieser Hülle existierte.«

Wenn unsere geistige Essenz gänzlich verschwinden soll, dann müßte sie sich in Nichts auflösen. Wenn sie sich in Nichts auflösen soll, dann müßte es ein Nichts erst einmal geben. Es kann aber kein Nichts geben, denn wenn es ein Nichts gäbe, wäre es automatisch Etwas und nicht mehr Nichts. Wenn es aber kein Nichts geben kann, dann können wir – oder sonst irgend etwas – auch nicht vernichtet werden: »Kein Tod ist in der Schöpfung, nur Verwandlung.«

Das klingt wie Wortklauberei – ist es auch – aber wenn man hört, was Friedrich der Große (1740 bis 1786) kurz vor seinem Tode schrieb, möchte man annehmen, daß er ähnliche Überlegungen angestellt hat.

»Ich fühle nun,« so schrieb er, »daß es mit meinem irdischen Leben bald aus sein wird. Da ich aber überzeugt bin, daß nichts, was einmal in der Natur existiert, wieder vernichtet werden kann, so weiß ich gewiß, daß der edlere Teil von mir darum nicht aufhören wird zu leben. Zwar werde ich wohl im künftigen Leben nicht König sein, aber desto besser: ich werde doch ein tätiges Leben führen, und noch dazu ein mit weniger Undank verknüpftes.«

Und sein zeitweiliger Freund Voltaire (1694 bis 1778), der große französische Philosoph der Aufklärung, meinte: »Es ist nicht erstaunlicher, zweimal geboren zu werden als einmal. Alles in der Natur ist Auferstehung.«

Und wenn der Geist sich einmal mit einem Körper verbinden kann, warum dann nicht auch ein zweites, ein drittes, ein Ich-weiß-nicht-wievieltes Mal?

Wenn das so ist, dann haben allerdings jene recht, die sagen: du lebst nur einmal. Ja – und zwar für immer.

In der »Bhagavadgita« sagt Krishna zu Arjuna: »Nie war die Zeit, da ich nicht war, und du und diese Fürsten alle, noch werden jemals wir nicht sein, wir alle, in zukünftiger Zeit!«

Ist das ein angenehmer Gedanke? Das Leben: ein ständiges Pendeln vom Diesseits ins Jenseits, vom Jenseits ins

Diesseits, bis in alle Ewigkeit? Aber was bedeutet überhaupt »Jenseits«? Wo liegt es? Jenseits von was?

Lotte Ingrisch hat ein Buch geschrieben mit dem schönen Titel *Reiseführer ins Jenseits.* Demnach scheint sie offenbar zu wissen, wo es liegt. Während unseres Gesprächs fragte ich sie danach.

»Ich bin sogar überzeugt davon, daß Diesseits und Jenseits zwei Zustände eines einzigen Bewußtseins sind«, sagte sie. »Ich glaube nicht, daß wir wirklich von ihm getrennt sind.«

»Das heißt also«, fragte ich, »das Jenseits ist praktisch auch jetzt im Diesseits da?«

»Das Jenseits ist im Diesseits da«, bestätigte Lotte Ingrisch. »Vielleicht ist sogar das Jenseits die eigentliche Wirklichkeit, vielleicht ist der Schatten die Wirklichkeit, der den Körper ins Licht wirft, auch das wäre möglich. Aber ich bin davon überzeugt, wir haben eine große Skala unseres Bewußtseins und auf der steigen wir auf und ab, und Leben und Tod sind sicher nicht die einzigen Grade dieses Bewußtseins, sondern es geht nach beiden Seiten vielleicht sogar unendlich weiter.«

»Und wie ist das«, wollte ich wissen, »mit dem Leben nach dem Tod? Dem sogenannten Tod des Körpers, oder Wiedergeburt?«

»Nun ja«, meinte Lotte Ingrisch, »jeder träumt nachts – ich glaube, das hat die Traumforschung ergeben – sechs Träume. Und ich denke, wenn wir aus einem Leben herausgehen, ich meine, es ist ein altes Bild, daß das Leben ein Traum ist, wir träumen viele Träume in einer Nacht und dann wachen wir auf und sind ganz wer anderer.«

»Das heißt, Sie können sich vorstellen«, fragte ich, »daß wir eines Tages aus diesem Leben aufwachen und dann in einem anderen Raum ein anderer sind?«

»In einem ganz anderen Raum ein ganz anderer. Aber dieser Raum und dieser Traum und dieses Ich ist in diesem größeren Ganzen enthalten, glaube ich. So wie wir die Summe aller Träume sind, wie wir hier sitzen, die Summe all unserer Gedanken, Erlebnisse, Gefühle, so gibt es sicher einen Zustand, der die Summe aller bisherigen Zustände ist. Wir sind einfach, jeder von uns, jedes Individuum, ein Teil – und zwar ein teilbarer Teil, gar nicht unteilbar – und es gibt ein Ganzes, indem wir halt enthalten sind. Und manchmal finden wir Zugang zu diesem Ganzen, Mystiker zum Beispiel, die geraten dann in einen Zustand jenseits dieses Zustandes. Auf der Skala des Bewußtseins steigen sie unendlich hoch auf oder unendlich tief hinunter, das ist dasselbe. Ich glaube, wir sollten uns nicht fürchten, auf der Skala auf und abwärts zu steigen, wir sollten uns nicht fürchten zu sterben. Wir sind ohnedies unsterblich.«

Aus wissenschaftlicher Sicht gibt es gegenwärtig keinen Beweis für die Unsterblichkeit der Seele – aber es gibt auch keinen Beweis dagegen.

Auch die Frage der Reinkarnation, der Wiedergeburt in einem anderen Körper, muß aus dieser Sicht offenbleiben. Viele bedeutende Menschen glauben daran oder haben daran geglaubt. Lessing (1729 bis 1781) zum Beispiel, der in der *Erziehung des Menschengeschlechts* schrieb: »Aber warum könnte jeder einzelne Mensch nicht auch mehr als einmal auf dieser Welt vorhanden gewesen sein? (. . .) Warum sollte ich nicht so oft wiederkommen, als ich neue Kenntnisse, neue Fähigkeiten zu erlangen geschickt bin? Bringe ich auf einmal soviel weg, daß es der Mühe wiederzukommen etwa nicht lohnet?«

Aber Wiedergeburt läßt sich derzeit nicht beweisen. Auch durch sogenannte »Rückführungen in frühere Leben« nicht. Die Aussagen, die dabei gemacht werden, lassen sich nur bestätigen, wenn man hier und jetzt, in der Gegenwart, Belege dafür findet. Und wenn diese Belege, diese Informationen jetzt vorhanden sind, dann gibt es immer auch die Möglichkeit, die Kenntnis davon durch außersinnliche Wahrnehmung, durch Hellsehen beispielsweise, zu erklären.

Die großen Erleuchteten haben eine Diskussion über frühere Leben meist vermieden. Jesus von Nazareth, zu dessen Lebzeiten der Glaube an Wiedergeburt ein Volksglaube bei den Juden war, hat sich nur ganz beiläufig dazu geäußert, und statt dessen auf das hingewiesen, was wirklich wichtig ist: »Trachtet am ersten nach dem Reich Gottes und nach seiner Gerechtigkeit, so wird euch solches alles zufallen.« Und Buddha, für den Wiedergeburt eine Selbstverständlichkeit war, wollte nicht über das, was nach dem Tod geschieht, diskutieren, da solche Fragen für die Suche nach der Wirklichkeit hier und jetzt unbedeutend wären.

Und in der Tat sind wir so oder so, wie wir jetzt hier sind, die Summe aller vorhergegangenen Existenzen – sofern es überhaupt welche gab – und damit in jedem Falle mehr, als wir früher einmal waren. Denn wenn Information nicht verloren geht – und das wäre ja die Voraussetzung dafür, daß es überhaupt eine Wiedergeburt geben kann –, dann muß sie zwangsläufig immer weiter anwachsen. Und wenn ich früher eine ägyptische Prinzessin war und jetzt eine Putzfrau bin, dann muß die Putzfrau heute mehr sein, als die Prinzessin es vorzeiten war. Wozu also nach Beweisen für die Wiedergeburt fahnden? Selbst wenn es sie gäbe, würde das nichts ändern an der Tatsache, daß wir hier und jetzt gefordert sind, unser Leben zu leben.

»Der freie Mensch denkt an nichts weniger als an den Tod«, meinte Spinoza, »und seine Weisheit ist nicht ein Nachsinnen über den Tod, sondern ein Nachsinnen über das Leben.«

Es gibt kein objektives Wissen über das, was beim sogenannten Tod geschieht oder danach, nur eine subjektive Gewißheit. Johann Wolfgang Goethe (1749 bis 1832) schrieb: »Den Beweis der Unsterblichkeit muß jeder in sich tragen – von außen kann er ihm nicht gegeben werden. Wohl ist alles in der Natur Wechsel – aber hinter dem Wechsel ruht ein Ewiges.« Und er sagte auch: »Mich läßt der Gedanke an den Tod in völliger Ruhe, denn ich habe die feste Überzeugung, daß unser Geist ein Wesen ist ganz unzerstörbarer Natur. Ich bin gewiß, wie sie mich hier sehen, schon tausendmal dagewesen und hoffe wohl, noch tausendmal wiederzukommen.«

Und Heinrich von Kleist (1777 bis 1811) schrieb in einem Brief von 1806: »Komm laß uns etwas Gutes tun und dabei sterben. Einen der Millionen Tode, die wir schon gestorben sind und noch sterben werden. Es ist, als ob wir aus einem Zimmer in das andere gehen.«

Man könnte hier noch eine Reihe großer Namen hinzufügen: Kant zum Beispiel oder Mozart, Schiller und Schopenhauer, Richard Wagner, Wilhelm Busch und Gerhart Hauptmann. Die Reihe ließe sich noch seitenweise fortsetzen.

»Wir sind aus jenem Stoff, aus dem die Träume sind – unser kleines Leben umfaßt ein Schlaf . . .«, heißt es bei Shakespeare. Wenn jemand stirbt, so sagt man auch: er sei »entschlafen«. Ent-schlafen, das heißt: vom Schlaf befreit. Ist also der Tod ein Erwachen aus dem Traum des Lebens?

Wer weiß?

Ob der Tod das Ende unserer Existenz bedeutet oder nur den Übergang in eine andere Sphäre, werden wir mit letzter Sicherheit erst dann wissen, wenn wir diese Grenze überschritten haben. Aber eines ist jedenfalls jetzt schon sicher: wenn der Glaube an ein Leben *nach* dem Tod uns dazu verhilft, das Leben *vor* dem Tod besser zu leben, dann wäre dieser Glaube auch dann sinnvoll, wenn er sich letzten Endes als falsch erweisen sollte . . .